JN410300

제1절 물리적 지식의 가치

만약 당신이 어떤 물리학자에게 왜 물리학을 하는지 묻는다면, 그는 이 물음에 제대로 답변하는 것을 힘들어할 것이다. 아마도 그는 과학의 일반적인 가치 또는 인류를 위한 과학의 가치를 지적함으로써 자신의 일을 정당화하려 할 것이다. 또한 그는 역사가 인간의 마음이 끝없이 성장하는 것을 보여 주었으며, 우리 각각은 이러한 성장에 자신의 지성적 능력으로 조금이나마 기여하는 것을 스스로의 의무로 여긴다는 사실에 호소할 수도 있다. 그러나 만약 그가 좀 더 솔직하게 그 자신을 들여다본다면, 그는 이러한 모든 번지르르한 목표들이 잘 만들어진 가면에 지나지 않는다는 사실, 이들은 일요일에 그가 공적 장소에 나타나야 할 때 입게 되는 말쑥한 정장과 같은 종류에 지나지 않는다는 것을 알게 될 것이다. 사실 한 개인을 물리학자로 만드는 과정은 더 복잡하며 세속적이다. 재능, 환경, 재정적 압력, 자신의 지성을 자극하는 동료 물리학자들의 모임을 우연히 발견하는 것, 운 좋고 창조적인 영감이 그로 하여금 물리학 분야에 대해 인지하게 만들어 그를 한 명의 물리학자가 되게 하는 것 — 요약하면, 사람들은 그들이 다른 직업을 갖게 되는 것과 마찬가지로 그들의 경험에 의해서 물리학에 종사하게 되며, 이러한 과정은 인류의 발전에 관한 이상적인 고려와는 크게 관련이 없다. 그리고 물질적 요구와 투쟁해야만 했던 물리학자들, 좀 더 실용적인 직업의 유혹에도 불구하고 과학에서 성실하게 자신의 길을 걸었던 물리학자들은, 최소한 그들이 인류의 복지에 대한 고려로부터 자신들의 힘을 얻었다고 주장할 수 있을 것이다. 이들은 정말로 왜 이들이 물리학을 하고 물리학을 해야만 하는지, 왜 자신들이 계속 연구소에 나가며 왜 계속 수학적 이론을 연구하는지 말하지 못한다. 이들은 그저 물리학을 할 뿐이다. 결국은 바로 그것이 그들이 신뢰성을 가지고 제시할 수 있는 유일한 이유다.

필자에게는 무엇보다도 물리학에 종사하는 이유에 대한 이와 같은 정직한 설명이 이상적으로 구성된 설명보다 물리학의 가치에 대한 더 나은 정당화인 것으로 보인다. 물리학은 인류를 위해 유용할 수 있고 그렇지 않을 수 있으며, 가치가 있을 수 있고 그렇지 않을 수 있다. 가장 중요한 것은, 인간에게 다른 사람들과 함께 살아가거나 놀거나 사회를 만들고자 하는 욕구가 있는 것처럼, 인간 안에서 물리학 탐구의 필요성이 계속 자라 왔다는 것이다. 끝까지 추적하면 드러나는 것은 인간의 알고자 하는 열망이며, 호기심을 최대한 승화한 형태인 이와 같은 열망이 아주 강렬해져 한 인간의 삶을 지배하게 될 경우, 그는 모든 물질적이고 경제적인 장애물들을 극복할 수 있게 된다. 한 위대한 물리학자는 필자에게 이것이 "무엇이 자연을 움직이게 하는지를 발견"하고자 하는 열망이라고 설명해 준 바 있다. 물론 이러한 열망은 다양한 형식들로 표현될 수 있다. 어떤 물리학자는 이 열망으로 인해 실험을 거듭해서 반복하고 사실들을 수집한다. 다른 물리학자는 이 열망 때문에 이론들을 구성하여 하나의 사실을 설명해 내는 데 집중한다. 그에게는 새로운 자료를 모으는 것보다는 그 사실을 이해하는 것이 더 중요하게 여겨진다. 이 열망은 그로 하여금 개념들을 비판적으로 선택할 때 조심스럽고 정확하도록 만든다. 이 열망은 또 다른 물리학자가 좀 더 유연하게 사고하고 상상력 넘치는 창조를 하게끔 자극한다. 어떤 사람은 계획하고 고안하는 심적 활동을 수행하는 반면, 다른 사람은 오직 안전한 귀결들에서만 만족을 얻는다. 그러나 이러한 모든 활동들 뒤에 있는 힘은 항상 자연의 비밀을 알고자 하는 열망이다. 그 누구도 이 열망이 어디서부터 비롯되는지 말할 수 없다. 이것은 그 자체로 물리학자가 반드시 믿어야만 하는 궁극적인 사실들 중 하나다.

이 사실만으로도 물리적 과학의 궁극적 가치에 관한 물음에 대해 답할 수 있다. 문명의 가치에 대한 질문을 대했을 때, 문명화된 문화를 위해 과학이 갖는 가치에 관한 모든 이론들은 궁극적으로 이러한 종류의 사실에 호소할 수밖에 없다. 우리는 이러저러한 일을 하기를 원한다. 이것은 모든 가치 이론의 출발점이 되는 사실이다. 물론 우리는 특정한 열망들의 경우 우리에게 본질적이지 않은 것으로 분류한다. 그러나 우리의 가장 깊은 열망은 우리로 하여금 높은 정도의 자명성을 강요하므로, 우리는 이러한 명백한 자명성을 최고 가치의 표현으로서 받아들일 수밖에 없다.

만약 우리가 문명을 위한 일반적인 가치를 물리 과학의 가치의 기초로 받아들이고자 한다면, 우리는 이러한 일반적인 가치로부터 물리학의 목표를 도출해야만 한다. 물리학의 목표는 이러한 일반적인 가치의 실현이라고 보아야 하는 것이다. 일반적으로 목표와 가치는 평가가 목표를 처방하는 방식으로 관련되어 있다. 예를 들어, 만약 우리가 기술적 유용성을 물리학의 가치의 기초로 삼고자 한다면, 물리적 연구의 목표는 기술적으로 유용한 결과들의 발견들로 구성되어야 한다. 다른 것들은 기껏해야 미래의 유용성의 관점에서 보았을 때 허용 가능한 것이다. 그러나 기술이 결코 물리학에 대한 철학적 정당화를 나타내지는 못한다는 것은 아주 명백하다. 왜냐하면 기술의 성취 역시 인간의 필요를 만족시키는 역할만을 하며, 이와 같은 필요의 만족은 지식에 대한 갈구와는 달리 심오한 의미에서 본질적이라고 여겨지지 않기 때문이다. 분명 기술적인 가치는 물리적인 연구의 부산물 이상이 될 수 없다. 이러한 평가가 이론가의 오만함으로부터 비롯된 경멸인 것은 아니다. 다만 기술이 연구의 목표를 결정하도록 허용되어서는 안 된다는 것이다. 또 다른 예를 들어 보자. 만약 우리가 물리학의 가치를 세계관의 수립에서 찾는다면, 물리학의 목표는 철학적 해석 또는 우주론적 가설들을 허용하는 종류의 지식 획득으로서 간주되어야만 할 것이다. 그러나 이조차도 물리학의 본질을 너무나 협소하게 생각함으로써 물리학의 목표를 편향적으로 결정하게 만든다. 만약 우리가 최고의 가치를 공식화하기를 거부한다면 우리는 그와 같은 목표의 제한적인 결정－이와 같은 종류의 경우에는 가장 관용적인 결정조차도 자연 지식을 얻고자 하는 추동의 범위를 감안하면 제약들을 부과할 것인데－으로부터 해를 입지 않을 것이다. 만약 우리가 알고자 하는 의지에 대한 사실을 가치의 궁극적인 근거라고 본다면, 우리는 목표를 이와 같은 의지를 위해 봉사하는 모든 것이라고 간주할 수 있다.

이와 같은 목표의 내용은 문제가 되는 과학 및 그 과학의 역사적 발전으로부터 수집될 수 있을 것이다. 과학의 역사는 과학적 지식의 사실들에 부합하는 목표들을 우리에게 보여 준다. 이러한 종류의 귀납적 결정은 일반적 원리들로부터의 연역보다도 더 성과가 있고 훨씬 더 실재에 가깝게 보일 것이 틀림없다. 분명 물리학은 항상 그 자신의 목표에 대해 의식하지는 않았으며 최소한 모든 개별적인 물리학자들 자신이 이에 대해서 의식하지는 않았다. 비록 이들의 작업이 가장 우선적으로 과학의 목표들을 분명하게 보여 줄 수 있었다고 하더라도 말이다. 인간 마음의 가장 흥미로운 측면들 중 하나는 다음과 같다. 인간의 마음은 그것의 목적을 분명하게 식별하지 않고서도 올바른 경로를 따라 이를 추구할 수 있으며, 사실상 자신의 목적을 성찰하기보다는 편안한 자신감을 갖고 자신의 경로를 추구하는 사람이 고도로 내성적인 사상가보다 자신의 목적을 더 잘 달성한다. 과학의 목표들에 대한 관측은 과학 그 자체의 경계들을 넘어선다. 대신 이는 철학에 속하며, 철학적 통찰이 개별 과학들에서 연구의 필요조건이라고 말할 수는 없다. 철학적 통찰은 오히려 개별 과학들에서 특정한 정도의 성숙함을 전제로 하는 이후의 단계다. 따라서 물리학과 철학 사이의 관계는 비대칭적이다. 철학은 물리학으로부터 많은 것을 배울 수 있지만, 물리학은 철학으로부터 훨씬 더 적은 것만을 배울 수 있다. 이러한 사실에도 불구하고 물리학자는 가끔씩 철학적으로 변하여 물리학의 목표들에 대한 질문을 던질 수밖에 없다. 물리학자가 자신의 작업을 멈추고 그 자신의 활동에 대해서 성찰할 때, 그가 그 자신의 과학이 따른 경로의 일반적인 개요를 살펴볼 때 이와 같은 질문에 직면하며, 그는 곧 이와 같은 철학적인 질문들이 자연의 비밀들에 관한 질문들만큼이나 지속적으로 제기된다는 것을 알아차리게 된다. 인간 지식의 경로와 목적에 관한 질문은 더 높은 논리적 차원의 질문으로서 자연의 구조와 경로에 대한 질문들과 같은 방식으로 인간 본성에 내재하는 것이며, 이러한 철학적으로 정향된 질문을 정당화되지 않은 것이라고 보는 물리학자는 그 자신의 활동으로부터 합리적인 토대를 제거하는 셈이 될 것이다. 거부되어야만 하는 유일한 형태의 철학은 물리학자에게 그의 과학이 갖는 결과들 또는 방법들에 관한 처방을 제시하고자 시도하는 철학이다. 그러나 그 자신의 사실들을 과학으로부터 이끌어 내고, 과학적 연구의 미스터리들에 대한 통찰을 제시하고, 과학자 자신의 성취들을 통해 과학자의 작업이 갖는 목적과 방법을 명료하게 만들어 주는 철학은 과학이 지식으로 향하는 여정에서 반갑게 맞이할 수 있는 협력자의 역할을 수행할 수 있을 뿐이다.

이와 같은 서론은 과학적 활동에 대한 평가를 고찰하고자 하는 의도뿐만 아니라 뒤따르는 탐구가 따를 방향을 지시하고자 하는 의도를 갖는다. 이 탐구는 물리적 연구를 비판하거나, 어떤 편향된 관점으로부터 특정한 가치들을 쫓아내거나 주입하는 것을 목표로 하지 않는다. 이 탐구는 과학적 활동들이 갖는 풍성함을 공정하게 평가하고 동시에 개별적인 내용들로부터 논리적으로 도출될 수 있는, 과학적 활동 뒤에 놓여 있는 일반적인 전망을 드러내 보이고자 한다. 물리학에 대한 백과사전적인 편람이라는 틀 내에서 그와 같은 그림은 정당화의 세부적인 사항들을 누락한 거친 모습들로 표현될 수 있을 뿐이다. 그러나 필자는 이러한 틀이 자연과학의 철학에서의 탐구가 물리적 과학과 가장 밀접하게 결합하여 수행되어야 한다는 것을 보여 줄 수 있기를 바란다.

제2절 물리학과 다른 자연과학들 사이의 구획

우리는 지금까지 물리학의 목표를 자연에 관한 지식으로서 기술해 왔다. 그러나 우리는 동일한 목표를 추구하는 다른 과학들이 존재한다는 사실을 알고 있다. 따라서 물리학을 다른 자연과학들과 구분하는 선을 그릴 필요가 생긴다.

그와 같은 구획은 두 가지 방법으로 이루어질 수 있다. 첫 번째 방법은 두 종류의 과학을 그 과학이 다루는 **대상들** 사이의 차이에 의해서 구분하며, 두 번째 방법은 두 종류의 과학을 두 과학의 **방법론** 사이의 차이에 의해서 구분한다. 이제 첫 번째 방법에 대해 살펴보자. 비생명적 자연은 생명적 자연과 구분되며, 전자는 물리학에 후자는 생물학에 할당된다. 따라서 이와 같은 구분은 몇몇 방식들에서 계속 지속되고 있다. 무엇보다도 이 구분은 두 종류의 과학 모두의 역사적 발전에 대응한다. 두 종류의 과학이 보여 주는 고유한 특성은 이 과학이 특정한 연구 대상에 집중함으로써 성장해 온 것이 사실이다. 그럼에도 불구하고 우리가 논리적 관점을 역사적 관점보다 우선시할 경우에 이와 같은 종류의 구분은 엄격하게 수행될 수 없다. 왜냐하면 생명적 자연 역시 물리적 법칙들에 의해 통제되는 현상들을 보여 주기 때문이다. 인간을 포함한 유기체들은 중력 법칙, 에너지 법칙, 전기 전도성의 법칙 등을 따른다. 이와 같은 법칙들을 수립하는 데 물리학은 항상 이 법칙들이 유기체들에게도 동등하게 적용된다고 주장한다. 물리학자들은 물리 법칙들이 유기체들에게 적용되는지 실험하는 것을 생물학자들의 일로 남겨 둔다. 그 이유는 많은 경우 이러한 법칙들이 복잡한 현상들 아래에 숨겨져 있기 때문이다. 예를 들어, 동물 신체에서 흐르는 전류를 생각해 보라. 이러한 전류를 규명하기 위해서는 유기체에 대한 정확한 지식이 전제되어야만 한다. 역으로, 비생명적 자연에 속하는 물질들이 생물학에서 특정한 역할을 담당한다. 예를 들어, 동물들이 영양분을 섭취하는 과정에서는 소금과 같은 비유기적 물질들이 매우 중요한 역할을 한다. 따라서 우리는 자연 전체를 아우르는 구획의 선을 통해서는 물리학과 생물학 사이의 구분선을 그릴 수 없다.

이와 같은 이유로 우리는 방법론에서의 차이를 활용하는 두 번째 방법을 선택한다. 그와 같은 구분은 두 개의 과학의 주제가 되는 대상이 부분적으로 겹치거나 심지어 일치할 때조차도 타당하게 남는 이점을 가진다. 명료화의 목적을 위해 우리는 물리학을 역학, 열역학, 통계 물리학 등으로 나누어서 고찰해 보자. 열역학과 분자 통계학은 동일한 연구 대상을 서로 다른 방법론을 가지고 다룬다.

전자의 경우 에너지, 엔트로피, 상(Phase)과 같은 소수의 기초적인 개념들로부터 시작하여, 이 개념들을 결합함으로써 소수의 단순한 법칙들을 만들어 내고, 이 법칙들로부터 많은 수의 현상들을 연역해 낸다. 다른 한편 통계학은 초기에는 열역학의 기초적 개념들을 인지하지 않은 채로 시작한다. 통계학에서는 오직 역학적인 개념들만을 다루며, 이 개념들은 운동 상태에 있는 많은 수의 유사한 입자들에 확률의 공리들과 결합하여 적용함으로써 최종적으로는 무리 집합의 확률과 같은 복잡한 개념에 다다르며, 이 개념은 열역학적 개념들과 동등화(zuordnungen)된다. 따라서 이 통계학은 동일한 연구 대상에 대한 설명을 좀 더 높은 정도의 정확도로 제공한다. 통계학의 관점에서 보면 열역학은 단지 허용 가능한 근사만을 제공하는 것처럼 여겨지며, 정확성에 관한 이러한 제한을 감안하면 두 개의 분과 학문은 결코 서로에 대해 모순되지 않는다. 사실상 특정한 의미에서 통계학은 열역학을 불필요한 것으로 만들었다. 왜냐하면 열역학에 의해서 주장된 모든 것은 기본적으로 통계적인 방식으로도 설명될 수 있기 때문이다. 그러나 실천적인 관점에서 보면 사정은 매우 다르다. 통계학이 쓸모없는 많은 사례들이 있는데, 왜냐하면 통계학은 너무나 큰 정확도로 작동하기 때문이다. 이에 반해 열역학적 방법론은 어려움 없이 수행될 수 있다. 예를 들어 통계적 방법을 통해 증기 기관의 작동을 이해하고자 시도하는 것은 불가능해 보인다. 증기 실린더 내의 대류 현상은 아주 복잡하기 때문이다. 그러나 열역학적 방법은 증기 기관에 성공적으로 적용될 수 있으며 우리가 알고자 원하는 것을 정확히 알려 준다. 하나의 방법론은 때때로 너무나 미세한 도구이기에 특정한 연구 대상에 적용되기 힘들며, 따라서 그러한 연구 대상의 구조에 있는 전체적 측면들을 드러내기에 부적합하다.

물리학과 생물학 사이의 차이와 관련해서도 상황은 유사하다. 둘 다 동일한 연구 대상을 다룰 수 있으며, 살아 있는 유기체를 생물학에 할당하고 살아 있지 않은 대상들을 물리학에 할당하는 노동의 분업은 근본적인 본성을 갖지 않는다. 이는 증기 기관을 열역학에 할당하고 미량의 기체를 통계학에 할당하는 노동의 분업과 비교할 수 있다. 오히려 둘 사이의 차이는 방법론에 있으며, 이는 생물학이 물리학의 입장에서 볼 때 아주 복잡한 개념들을 기초적인 개념들로서 다룬다는 사실에서 가장 분명하게 표현된다. 생명, 유기체, 기관, 영양 섭취, 번식, 발전 등과 같은 개념들은 생물학에 의해서 기초적인 개념들로서 수용되는데, 이는 열역학이 열 또는 집합적 상태의 양을 말하는 것과 동일한 방식이며, 열역학은 이러한 개념들을 통해 물리학의 정확한 도구에 영향을 받지 않으면서도 복잡한 현상을 이해하고자 시도한다. 여기서 생명의 개념이 전면에 등장하는데 이는 열역학에서 에너지의 개념이 차지하는 위치와 동일한 위치를 차지한다. 생물학은 생명의 개념이 생물학 전체를 통해 갖는 함축들을 추구함으로써 이 개념을 명료화하는데, 이는 열역학이 궁극적으로 에너지를 그 개념의 결과가 어떠어떠한 속성들을 갖는 것으로서 정의하고자 강제되는 것과 같다. 따라서 생물학은 물리학이 거시적 또는 현상적이라고 간주할 방법들을 이용하여 생명에 대한 특성화를 얻는다.

생물학의 방법론 너머로 확장하는 그 어떤 발전도 어떤 다른 방식으로 생명의 개념에 내용을 제공하는 데 있어야만 한다. 생명이란 특정한 방식으로 구성된 단백질의 특성 또는 특정한 화학적 반응의 정상 상태인 조건임을 보여야 한다. 그러나 오늘날에 이르기까지 그와 같은 시도들은 실패했다. 여기서 우리는 한편에는 생물학과 물리학의 사이에 있고 다른 한편에는 열역학과 통계학 사이에 있는 커다란 차이에 이른다. 열역학은 통계학의 거시적인 형태에 지나지 않음이 밝혀졌다. 열에너지는 모든 분자들을 함께 고려한 역학적 에너지로서 완전히 설명될 수 있다. 그러나 생물학이 물리학의 거시적인 형태라는 것—단백질의 물리학의 한 종류라는 것—즉 생명의 개념이 물리적 개념들로 환원될 수 있다는 것은 아직까지 증명되지 않았다. 열역학이 역학의 한 부분이 된 것과 동일한 방식으로 생물학이 언젠가는 물리학의 일부가 될 것인지의 여부에 대한 문제는 잠시 동안은 해결되지 않은 것으로 놔두어야 한다. 생명의 개념 그 자체는 여전히 물리학과 관련이 없는 문제들을 포함하고 있을 수 있다. 아마도 생명은 단지 기계와도 같이 특별하게 복잡한 물리적 도구에 지나지 않는 것이 아니라 무엇인가 근본적으로 다른 것이며, 생명을 이해하기 위해서는 새롭고 비물리적인 가정들이 필요하다는 생기론의 주장은 옳을 수 있다. 연구의 경로에 관해서 예측하는 것은 어리석은 것으로 여겨진다. 어쨌든 진화 이론은 다양한 생물학적 분과 학문들을 하나의 단일한 거대과학으로 결합했다는 점에서 중요하다. 이는 광학, 전기 이론, 역학의 결합이 일반 물리학으로 귀결된 것과 비슷한 성취를 거두었다. 그러나 진화 이론은 생명의 문제 그 자체를 해결하지는 못했으며, 이러한 측면에서 진화 이론에 걸었던 기대를 실현하지는 못했다. 이 문제가 해결되지 않았음을 강조하는 것이 중요하다. 특수화된 학문의 대표자는 그 자신의 과학을 모든 지식 속에서의 배타적인 형식으로 보고자 하는 경향을 가지며, 따라서 물리학자는 생물학이 언젠가 물리학에 흡수될 것이라고 믿고 싶어 한다. 이와 같은 가능성을 분명 배제할 수 없지만, 이러한 일이 일어날지의 여부는 생명의 문제가 해결되는 방식에 의존할 것이다. 만약 특정한 물리적 법칙들이 생명 과정에 절대적으로 적용되지 못한다는 것이 드러난다면, 생물학이 물리학으로 흡수되는 일은 결코 일어나지 않을 것이다. 그리고 물리학은 자연 속에서 물리학이 적용되지 않는 영역을 다루려고 하는 일을 삼가야 할 것이다.

그렇게 되면 우리는 두 과학이 합쳐질지의 여부는 일련의 과학적 발전이 그 종국에 다다르기 전까지는 답변될 수 없음을 발견한다. 답변은 그 자체로 과학적 결과이며 일반적인 과학적 원리들로부터 연역될 수 없다. 역학과 열 이론의 결합은 그와 같은 물리적 결과였지 선험적으로 예측가능한 것이 아니었다. 이 물음에 대한 답변은 방법론들에서의 차이가 인식적 대상들에서의 차이와 어느 정도까지 관련되어 있는지를 결정할 것이다. 물론 생물학과 물리학에서의 방법론의 차이가 이 과학이 주로 다루는 대상들의 특성들로부터 비롯되었다는 것은 의심할 여지 없이 참이다. 그러나 생기론의 문제가 해결되지 않은 현재로서 우리는 오직 방법론에서의 차이만을 확실한 결과로서 수립할 수 있다. 어쨌든 열역학과 통계학에서처럼 이것이 논의 대상에서의 근본적인 차이와 대응하지 않는 것도 가능하다. 만약 실제로 그러하다면 물리학이 살아 있는 본성을 가진 것에 적용 불가능한 영역은 기껏해야 얼마 되지 않을 것이다. 일반적으로 물리학의 법칙들이 생물학에도 적용된다는 것이 분명하게 수립되어 있다. 우리로 하여금 구획의 두 번째 방법을 선택하게 하는 근거들이 존재한다. 방법에 따라 구획을 하면 우리는 과학의 미래 발전과는 독립적인 해답을 갖게 된다.

그러나 우리는 여기서 방법들에 대한 비교적인 특성화를 수행하지는 못한다. 그와 같은 탐구는 두 과학에서의 개념 형성에 대한 매우 정확한 분석을 필요로 할 것이며, 이는 과학의 비교 연구 영역에 속하는 것으로서 집중된 연구의 대상이다. 예를 들어 쿠르트 레빈은 물리학, 생물학, 진화의 역사에서 등장하는 발생의 개념에 대한 비교적인 탐구를 수행하여(그의 책《물리학, 생물학, 진화 역사에서의 발생 개념》을 보라), 이 두 과학에서의 세계선의 구조 즉 개체들의 동일성 계열 사이에 특별한 논리적 차이들이 존재한다는 것을 증명했다. 그는 더 나아가 두 개의 과학들을 비교하는 것은 모든 과학들이 역사적인 발전을 겪고 오직 동등한 역사적 성숙 단계에서만 공통적으로 측정 가능하다는 사실에 의해서 예외적으로 어렵다는 사실을 나타냈다. 다른 종류의 연구는 E. 베허, 폴 오펜하임, 더 일찍이는 하인리히 리케르트에 의해 이루어졌다. 그러나 여기서 우리는 방법론적 차이에 대한 매우 일반적인 특성화를 제시하는 것으로서 만족해야만 한다. 이는 실천적인 목적을 위한 구획의 선을 긋기에 충분할 것이다.

우리는 실제에서는 충분한 그와 같은 구분 표식을, 물리학은 아주 많은 수의 수학적인 개념들을 다룬다는 사실에서 찾는다. 실제로 자연에 대한 물리적 지식의 특수성을 구성하는 것은 그것의 수학적 특성이다. 이것은 방정식의 도움을 받아 자연적인 사건들을 정량적으로 능숙하게 다루는 것이다. 자연과학들 중 물리학은 오랜 기간 동안 수학적 과학으로 여겨졌고 엄밀한 자연과학의 모범이었다. 따라서 우리는 간단히 물리학을 정밀과학으로서 기술할 수 있다. 법칙들을 수립하는 데 물리학은 정확도와 관련해 생물학과는 아주 다른 요구를 한다. 이는 물리학자로 하여금 정확도의 정도를 유지하여 그가 정확도를 자연의 모든 지식에 대한 제1조건이 되기를 요구하게끔 만들며, 부정확하다는 이유로 생물학을 비난하도록 한다. 그러나 여기서 물리학자는 이와 같은 정확성의 정도가 오직 물리학에서만 가능하다는 것을 망각하고 있다. 최소한 현재로서는 생물학이 물리학의 엄격함을 따라 할 수는 없을 것으로 보인다. 물리학에서 찾을 수 있는 정확성의 정도를 얻고자 하는 노력은 오로지 생물학의 문제들을 흐릿하게 만들 뿐이다. 이는 마치 기술자가 증기 기관에 대한 계산을 하기 위해 기체 내의 진동 현상에 대한 설명을 취하고자 원하는 것과 같다. 이는 왜 우리가 정확도만을 물리학의 방법론에 대한 특별한 표지로서 간주할 수 없는지에 대한 이유다. 물리학은 오직 현재로서는 그 자신의 영역으로부터 생명의 문제를 배제하는 까닭에 정확할 수 있다. 물리학은 수학적 방법론에 의해서 파악될 수 있는 모든 현상들에서 이 방법론에 저항하는 문제들을 포기함으로써 정확성이라는 것의 대가를 치른다. 따라서 정확성은 물리적 방법론의 진정한 표지다.

물론 생물학에도 몇몇 정확한 법칙들이 존재하며, 심지어 수학적 개념들도 가끔씩 적용되는 것을 볼 수 있다. 예를 들어, 유전에 대한 멘델의 법칙은 아주 분명하게 수립되었으며, 모든 개체는 두 부모를 가진다는 원리는 동물들의 더 높은 집합에 적용될 수 있으며 정확한 법칙이라 불릴 수 있다. 그러나 이는 오직 지금까지 발견된 소수의 필수적 법칙들의 문제이며, 동일한 정도의 정확도로 수립될 수는 없다. 정확한 생물학적 법칙들은 오직 정수만을 포함하고 있다는 것이 중요하다. 이 법칙들은 실로 엄격한 분류화의 지금까지 발전된 정성적 지식의 표현에 지나지 않는다. 따라서 위에서 언급된 번식의 법칙은 생물학에서는 수태가 이루어지기 위해서는 암컷의 난자를 이와 이질적인 핵이 침투해야만 한다고 말함으로써 설명된다. 그러나 이는 두 종류의 전기가 존재함을 진술하는 물리적 명제와 비교할 때 정보의 정성적인 조각이다. 생물학의 전체적인 개념적 도구는 물리학의 것보다 훨씬 덜 정확하게 재단되어 있다. 무엇보다도 생물학에는 수학적 함수의 개념이 결여되어 있으며, 함수에서는 하나의 양의 변화가 다른 양의 변화에 의존하여 규칙적인 방식으로 변한다. 이와 관계된 것은 기하학이 생물학에서는 중요한 역할을 하지 않는다는 사실이다. 소수의 기하학적-역학적 고려가 사용된다. 예를 들어 뼈 구조에 대한 해부는 물리학에서 볼 수 있는 기하학적 고려들의 광범위한 적용과 비교될 수 없다. 이와 같은 이유로 공간과 시간의 개념조차도 물리학에서는 생물학에서와는 아주 다른 의의를 갖는다. 생물학에서는 공간과 시간에 대한 일상적인 개념 정도만을 필요로 한다. 다른 한편, 물리학에서는 모든 과정들을 시공간적 변화와 관련되는 법칙들로 바라본다. 시공간 좌표계의 틀 내에서 세계-사건들을 나타내는 것은 특별히 물리적인 것으로, 생물에는 이와 유사한 것이 존재하지 않는다.

그렇다면 우리가 물리적 방법론의 정확도에 대해 말하는 경우 우리는 광범위한 의미의 정확도를 뜻한다. 단지 몇몇의 통계적인 관계들을 탐지하는 것이 아니라 수학이라는 심적 도구를 속속들이 적용하는 것이다. 따라서 우리는 물리학의 목표를 **자연에 대한 정확한 지식**이라고 말할 수 있으며 물리학을 **정밀자연과학**이라 할 수 있다.

이와 같은 차이는 단지 일시적인 것일 뿐이라며 반대할 수 있다. 생물학은 그 역사적인 발전에서 물리학에 뒤처져 있는 것이며 궁극적으로는 물리학과 유사한 정도의 정확성을 얻을 수 있을 것이라는 것이다. 이와 같은 가능성은 분명 배제될 수 없으나, 만약 생물학이 이와 같은 조건에 도달하게 된다면, 예를 들어 생명체를 알부민이 포함되어 있는 물질과 관련된 다양한 미분 방정식들의 해로서 나타낼 수 있게 된다면, 그것은 더 이상 물리학과 다르지 않게 될 것이다. 만약 이러한 일이 일어난다면 생물학과 물리학의 결합은 완성될 것이다. 그러나 문제는 이러한 일이 언젠가 성공할 수 있을지, 생명체가 그 본성상 그러한 공식화를 막는 특정한 요소를 갖고 있는지 그렇지 않은지의 여부다. 이 문제가 여전히 결정되지 않고 남아 있는 한, 우리는 오직 물리학만을 정밀과학이라고 간주할 것이다.

생물학과 대조하여 물리학을 구분하는 것은 우리가 수행해야 하는 가장 중요한 구분이다. 물리학을 다른 과학들과 구분하는 것은 훨씬 더 쉬워 보인다. 가장 중요한 것은 물리학과 화학의 문제가 최종적으로 해결된 것처럼 보인다는 것이다. 오늘날 우리는 열역학 또는 전기 이론이 물리학의 일부가 된 것과 같이 화학이 물리학의 한 부분이라 말할 수 있다. 여기서 우리는 생물학과 관련되어 오직 추측만을 표현할 수 있는 발전이 완결된 것을 본다. 원자에 대한 보어의 이론적 모형이 거둔 위대한 성취는 화학적 법칙들을 물리적인 것으로 해석할 수 있는 능력에 있었다. 설혹 아직까지 이와 같은 일이 완벽하게 만족할 만한 방식으로 이루어질 수는 없다고 하더라도, 오늘날까지 이와 같은 작업이 거둔 성공은 기본적으로 화학을 물리학으로 환원하는 일이 성취되었다는 것에 대해서 의심의 여지를 남기지 않는다. 오늘날 물리학과 화학 사이의 구분은 오직 기술적인 작업가설들을 위한 것이며, 더 이상의 근본적인 의의를 갖지는 않는다.

상황은 천문학, 측지학, 지질학이라는 과학들에서도 유사하다. 이들 역시 자연과학이다. 우리는 전자의 두 과학이 '응용수학'으로서 물리학과 수학 사이의 중간에 위치한다는 것을 믿지 못할 수 있다. 물리학 역시 응용수학이다. 우리는 자연적 대상들에 수학을 적용하는 것에서 정밀과학의 특성이 정확하게 표현된 것을 발견한다. 이러한 과학들은 상대적으로 단순한 물리적 가정들을 하면서도 매우 복잡한 수학적 문제들, 특히 기하학적 본성을 가진 문제들로 유도할 수 있다. 그러나 최근에 천문학은 과도하게 측정과 관련된 과학이기를 멈추었고, 상대성 이론은 기하학의 물리적 특성이 실재 공간의 과학임을 보여 주었으므로, 우리는 더 이상 이들 과학 역시 기본적으로 물리학의 분과 학문들이며 오직 노동의 분업만이 존재하는 전문 영역의 분리를 정당화함을 의심하지 않는다. 그렇다면 우리는 오늘날에는 물리학과 생물학이라는 오직 두 개의 자연과학이 존재한다고 말할 수 있을 것이다. 이 두 과학은 모든 개별 분과 학문들을 흡수했으며, 아직 대답되지 않은 채로 남아 있는 유일한 질문은 과학의 발전이 동일한 방향으로 이루어져 언젠가 궁극적으로는 이 두 과학이 하나로 합쳐질 수 있을지 여부다.

제3절 물리학과 기술

기술(Technologie) 역시 자연이라는 동일한 대상을 다룬다. 그렇다면 기술은 어떻게 물리학으로부터 구분할 수 있을까?

오늘날 기술은 물리학의 방법론을 광범위하게 사용한다. 물리학과 기술이 상호적으로 발전한 것은 비단 오늘날만의 일은 아니다. 심지어 고대에서도 동일한 현상을 찾아볼 수 있다. 그럼에도 우리는 이를 토대로 물리학과 기술이 서로 병행하는 과학이라고 결론 내려서는 안 될 것이다. 기술은 전혀 과학이 아니며 과학을 실천적 사용을 위해 적용한 것이다. 좁은 의미에서의 기술이 그 아래에 포함되는 더 일반적인 개념은 그 자체로 기술로서 지정되어야 하며 이는 과학의 개념과 대비된다. 기술적인 전문분야는 기계 공학, 기계 설계 등과 같은 과목들을 포함한다. 그러나 농업과 의학 역시 그 궁극적인 목표를 보면 실천적인 적용이지 이론적인 연구 그 자체는 아니다. 농업과 의학은 기계 공학과 전기 공학이 물리학에 대해 갖는 것과 동일한 관계를 갖는다. 농업은 소위 말해 생물학적 기술이라고 할 수 있다.

기술과 관련하여 과학은 결코 원천 이상의 것은 되지

않는다. 물론 강력하면서도 끝없는 원천임은 분명하다. 기술은 적용의 문제들을 해결하기 위해 과학적 탐구를 수행하게끔 강제될 수 있으나, 기술은 실천적인 실용화가 한 번 성공하고 나면 그것에서 만족하고 이론적 탐구를 과학자들에게 맡겨 버린다. 다른 한편, 기술은 과학으로부터 실천적 적용의 방법들을 배울 수 있으며, 실제로 이를 광범위하게 사용한다. 많은 경우 기술은 과학자들이 순수한 목표로 성공한 발견들에 그 실천적 성취들을 빚지고 있다. 이와 같은 종류의 유명한 사례는 전자파에 대한 헤르츠의 발견인데, 이는 맥스웰 이론의 귀결이었으며 이후 무선 전신 기술의 기초가 되었다. 역으로, 과학적 발견들은 기술적인 문제들로부터 발생했다. 그 한 예가 에너지 보존의 법칙이다. 이 법칙의 발견은 영구 운동 기계를 만들고자 시도했던 불행한 발명가들로 인해 이루어졌다. 그럼에도 기술은 그 자신의 문제들을 과학과는 근본적으로 다른 방식으로 다룬다. 기술은 그 자신의 '현상적' 방법들을 이용하여 진정한 이론적 문제들을 우회한다. 이를 통해 기술은 변수들의 함수적 관계를 확정하고자 시도한다. 자연의 보편 법칙에 호소하는 것에 의해서가 아니라 대상들을 잘 측정하여 '물질적 상수들'의 전체 계열을 얻고, 이를 단순히 주어진 것으로 받아들인다. 이와 같은 절차에 관한 사례들은 탄성에 대한 기술적 이론, 전자 튜브의 특성들에 대한 수용에서 찾을 수 있다. 이러한 방식으로 기술은 실천적 적용의 목적을 위해서는 매우 충분한, 경험적으로 수립된 함수를 발견한다. 실제로 기술은 이 방식이 이론적 공식보다 더 유용함을 발견한다. 왜냐하면 이것이 더 정확하기 때문이다. 그러나 물리학자에게는 그와 같은 현상적 공식은 오직 시작점의 역할만을 담당할 뿐이다. 물리학자의 눈에 현상적 공식은 이론적 결과가 아니라 기술자를 위한 것이며, 그가 자신의 이론을 시험하는 데에만 사용하는 경험적인 자료에 지나지 않는다. 기술에 의해 수행되는 현상적 측정들은 물리학자에게는 아주 유용할 수 있다. 이 측정들은 경험적 시험들을 해야만 하는 부담을 물리학자로부터 덜어 주기 때문이다. 역으로, 물리학자들이 행하는 이론적 탐구에서 좀 더 유리한 방식으로 경험적 상수들을 틀 짓는 새로운 물질이나 절차를 찾는 것이 문제가 될 경우 이는 기술에 유용함이 증명될 수 있다. 물리학이 발견한 이론적 연관의 도움으로 기술자는 그의 교정이 취해야만 하는 방향을 수립할 수 있다. 그가 강철을 합금하기 위해서 무슨 물질을 사용해야만 하는지, 어떻게 그가 진공관 속의 전극 차원을 바꿔야 하는지 등에 대해서 말이다. 그는 결코 실험의 방법만을 통해서는 그의 목표에 다다를 수 없고, 그의 방향을 수립하기 위한 일종의 닻을 필요로 한다. 분명 그는 대개 그와 같은 목적을 위해서 물리학 이론을 그것의 정량적 형식으로 사용하지는 않는다. 그는 이론을 정성적인 안내자로서, 기껏해야 정도의 차이를 추가하는 것으로서 더 자주 사용한다. 새로운 절차에 대한 궁극적 선택을 할 때 그는 다시 현상적인 방법들로 돌아가 이들을 하나씩 시험함으로써 다양한 특성들을 파악해 나갈 것이다. 따라서 기술자들이 물리학을 사용하는 사례들은 그의 구체적인 기술적 정향을 보여 준다.

물리학과 기술 사이의 차이는 과학의 유형들 사이의 차이가 아니라 좀 더 심오한 종류의 것이며, 이는 활동의 목표를 결정하는 궁극적인 가치 평가를 포함한다. 자연의 지식에 대해 과학자가 갖는, 무조건적으로 주어지고 제거할 수 없는 관심은 기술자에게 중요한 영향을 미치지 않는다. 기술자가 관심을 가지는 것은 지식이 아니라 행동이며, 관측이 아니라 자연을 능숙하게 다루는 것이다. 과학과 기술의 전형적인 표현이 갖는 근본적인 정향을 살펴보면 이러한 차이가 즉각적으로 명백하게 드러난다. 이러한 차이는 너무 심하기에 하나의 유형은 다른 유형을 이해하는 것에서 완전히 실패하고 그 유형의 목표를 이해 불가능한 것으로 여길 수 있다. 분명 평균적인 사람에게서 이상의 두 경향은 다소간 결합되어 있을 것이다. 따라서 기술자는 거듭해서 자신의 작업을 하면서 놀라움에 의해 이론적인 관심사가 자신을 사로잡아 그로 하여금 오직 과학에만 이득이 되고 기술적으로는 완전히 소득 없는 탐구로 이끄는 것을 경험한다. 다른 한편, 때때로 과학자는 새로운 발견으로부터 출현하는 실천적인 유용성을 파악하고, 이 유용성이 당장은 그 현상을 이해하는 데 새로운 것을 제공해 주지 않음에도 불구하고 이를 추구한다. 개별적인 인간들 속에서 이론적으로 두드러지는 인간의 유형이 순수한 형태로 발견되리라고는 결코 기대할 수 없다. 그리고 만약 어떤 사람이 그 안에서 다양한 경향들을 결합하고 있다면 이는 그 자신의 개별적인 작업을 위해서도 일반적으로 유리할 것이다. 오늘날의 기술이 가진 그 복잡성을 감안할 때, 충분한 정도의 이론적인 관심사를 가지지 않은 기술자는 새로운 기술적 경로들을 발견하는 데 적합하지 않을 것이다. 역으로, 기술에 민감한 물리학자는 그의 실험적 방법에서 뛰어난 역량을 보일 것이다.

이상과 같은 언급은 기술적 물리학이라는 분과 학문, 오늘날 우리가 그에 관해 듣게 되고 이미 학술적인 과정 속에 존재하고 있음을 확인할 수 있는 개념에 적용된다. 이 분과 학문은 기술이 이론과학에서의 새로운 발견들을 토대로 이들을 기술적으로 적용하라는 신호를 받으며, 이와 동시에 이론적 통찰들의 도움으로 그 자신의 과거 방법들을 개선하라는 필요성에 마주친다는 사실로부터 비롯된다. 두 사실 모두 물리적 과학의 완전한 지식을 고무하지만, 이와 동등하게 기술을 향해 있는 목표를 수립하기를 고무한다. 전자는 기술을 위한 새로운 발견의 '준비' 즉 기술의 성취를 증가시키는 목적을 위한 그것의 현상적 검증을 요구한다. 후자는 새로운 실험들에 의해 취해지는 방향을 예측하기 위한 '이론적인 본능'을 요구한다. 그렇다면 기술적 물리학은 사회학적인 필요에 의해서 중요하며 발전하는 것이다. 왜냐하면 이 물리학은 새로운 형태의 과학적 지식과 기술적 목표 사이의 결합을 요구하기 때문이다. 결국 이는 그 본성상 기술적인 것이지 과학적인 것은 아니다. 이러한 언급은 품위를 떨어뜨리고자 하는 것이 아니다. 오히려 그 반대다. 기술의 성취는 특히 물리학자를 경탄하게 할 것이다. 왜냐하면 물리학자는 기술 안에서 그가 익숙한 것과는 완전히 다른 사고의 방식과 다른 종류의 과학적 도구 사용을 볼 수 있기 때문이다. 그러나 개념적 정의의 명료성은 엄격한 분리를 요구하고, 우리는 여기에서의 남은 탐구에서는 기술적 물리학에 추가적인 관심을 기울일 수 없을 것이다.

제4절 물리학과 수학

구획의 마지막 문제가 남아 있다. 물리학과 수학 사이에 경계선을 긋는 일이다. 분명 수학은 기술의 한 분과가 아니다. 왜냐하면 수학은 지식을 목표로 하기 때문이다. 우리가 수학과 물리학 사이의 밀접한 얽힘을 관찰할 때, 물리학으로부터 수학을 분리하는 것은 의심스럽게 보인다. 역사적으로 수학은 측지학과 천문학의 문제들 즉 물리적 문제들을 해결하면서 발전했고, 거듭해서 그러한 문제들을 제시하는 것이 수학을 위해 아주 성과가 있음이 증명되었다. 우리는 잠재적인 이론에 대해서만 생각할 필요가 있다. 역으로, 물리학은 수학적 발견들을 수단으로 삼아 엄청난 발전을 이루었는데, 이는 다른 예들 중에서 무한소 미적분학의 도입에 의해서 증명된다. 여기서 우리는 단지 잠정적인 구분만을 다루고 있는 것일까? 물리학 그 자체가 다른 과학들을 흡수한 것과 같이, 언젠가 물리학이 수학의 한 분과로서 흡수되는 일이 가능할까?

이와 같은 연관 속에서 우리는 상대성 이론이 세계 기하학으로 발전한 것에 대해 생각하게 된다. 그러나 이와 같은 발전이 물리학과 수학의 융합을 의미한다고 해석하는 것은 큰 잘못일 것이다. 일반 상대성 이론은 결코 물리학을 수학으로 만들지 않는다. 이와는 정반대다. 이 이론은 기하학의 물리적 문제를 인지하게끔 만들었다. 이와 같은 해석은 이 글의 제15절에서 더 상세하게 제시될 것이다. 현재로서 우리는 단순히 일반적인 수준에서 두 과학 사이의 관계를 탐구한다. 더 나아가 우리는 공간 문제의 상대론적 해결이 우리가 여기서 단순히 주장하고자 하는 엄격한 분리에 관한 하나의 입증임을 발견하게 될 것이다.

비록 수학과 물리학 둘 다 과학이라고 하더라도 둘 사이의 차이는 근본적이며, 우리는 이 사이의 차이가 사라지는 것이 불가능한 것으로 간주해야만 한다. 왜냐하면 수학은 전혀 자연과학이 아니기 때문이다. 수학은 그 탐구가 실재와 관련이 있는지의 여부와는 완전히 독립적으로 자신의 탐구를 수행한다. 수학이란 순수하게 논리적인 과학이며, 수학에서 경험의 개념은 그 역할을 전혀 하지 않는다. 수학에는 실험이 존재하지 않는다. 수학에서의 모든 다이어그램과 모형들은 관측과 달리 단순한 시각화에 지나지 않으며, 이들은 의심되는 법칙의 수용 또는 거부를 결정하는 요소가 아니라 단지 논리적 사고를 돕는 역할 즉 수학 자신의 영역에서 선택하는 것을 돕는 역할을 할 뿐이다. 따라서 지각의 문제는 수학에서 아무 역할을 하지 않으며 수학은 '외부 세계의 문제'에 직면하지도 않는다. 수학은 우리 외부에서 실재성을 갖고 있는 사물들에 대해서는 그 어떤 실질적인 정보도 우리에게 제공해 주지 않는다.

이러한 이유로 수학은 통합 또는 융합과 관련하여 아주 다른 문제에 직면해 있다. 수학이 과연 논리학과 융합될 것인가의 문제다. 오늘날, 러셀과 화이트헤드의《수학원리》및 힐베르트의 공리학 탐구가 발표된 이후, 우리는 이 물음이 확고한 답변을 얻은 것으로 간주할 수 있다. 수학은 논리학의 한 분야가 되었다. 이 분야가 우리의 자연지식에 사용되기 위해서는 특별히 광범위한 발전을 필요로 한다. 그러나 논리학은 사고에 대한 규범 과학이다. 논리학은 우리에게 사고를 위해 옳은 것이 무엇인지를 가르쳐 주지만 경험의 세계에 대해서는 아무것도 알려주지 않는다.

이는 참이지만 이에 대해서는 하나의 조건이 붙는다. 경험의 세계 역시 논리학의 법칙들을 사용해야만 한다. 이 세상에 있는 그 어떤 것도 논리를 위배할 경우 옳은 것으로 허용될 수 없다. 이러한 의미에서 논리학은 우리에게 경험의 형식적 구조에 대해서 가르쳐 주지만, 논리학은 우리에게 경험의 내용과 관련해서는 그 어떤 것도 가르쳐 주지 않는다. 논리학은 무엇이 가능하고 무엇이 불가능한지를 가르쳐 주지만, 존재하는 것이 무엇인지를 가르쳐 주지는 않는다. 따라서 논리학은 수학과 더불어 가능성의 과학인 반면, 물리학은 실재성의 과학이다. 여기에 물리학과 수학 사이의 극복될 수 없는 심오한 차이가 존재한다. 또한 바로 이와 같은 점이, 물리학을 위해 수학이 매우 중요한 이유이기도 하다.

여기서 우리는 수학이 물리학의 위대한 지성적 기계가 된 근거를 발견한다. 물리학은 방법론의 목적을 위해 형식적 법칙들의 과학을 필요로 한다. 이와 같은 측면에서 수학의 성취는 두 가지의 방향을 향한다. 한편으로 수학적 성취는 물리학에게 관측된 사례가 어떤 범위에서 오직 특수한 사례에 지나지 않는지를 보여 준다. 그것은 물리학자에게 어떻게 하면 좀 더 일반적인 가능성들을 도출할 수 있는지 그리고 어떻게 하면 특별한 사례의 제한들로부터 자유로운 그의 실험에 대한 연장을 찾을 수 있는지 알려 준다. 따라서 물리학은 관측을 통해 거리의 제곱에 따라 감소하는 힘에 대한 영역의 보존 법칙을 찾았지만, 수학은 이 원리가 중심력들에 대해서 아주 일반적으로 적용됨을 알려 준다. 그 결과, 원자 모형의 특정한 문제들은 이제 영역의 법칙의 도움을 받아서 다룰 수 있게 되었다. 비록 중심력과 관련된 오직 더 일반적인 전제만이 이에 대해 적용되기는 하지만 말이다. 비록 그것의 좀 더 정확한 증명을 위해서 우리는 15절을 언급해야 하기는 하지만, 우리는 이에 관한 또 다른 예를 살펴보도록 하자. 수학은 우리에게 비유클리드 기하학의 가능성을 가르쳐 주고, 물리학은 이 결과로부터 유클리드적 공간이 오직 특정한 제한된 조건들 아래에서만 실제로 발견될 것인 반면 비유클리드 기하학이 다른 모든 곳에서 적용될 것이라는 결론을 도출한다. 이 사례에서 수학자는 일반적인 가능성을 보여주지만, 항상 이와 같은 경우인 것은 아니다. 대개 물리학자 자신이 수학적 고려의 도움을 받아 탐구를 시작한다. 일반적으로, 수학자는 물리적 성공의 관점에서 이루어져야 하는 일반화의 방향을 진단하기에는 물리학의 문제에 충분히 친숙하지 못하다. 수학적 작업에 의해 취해지는 또 다른 방향은 특정하게 주어진 전제들과 무엇이 양립 가능한지를 발견하는 데 있다. 이는 물리적인 이론을 구성하는 참된 과정이다. 하나의 가설이 제시된다. 이 가설로부터 어떤 종류의 사실들이 연역될까? 이러한 방법으로 수학은 사실들 사이의 논리적 관계를 수립한다. 한편으로 수학은 주어진 사실들로부터 어떤 종류의 사실들이 연역되어야 하는지를 알려 주며, 다른 한편으로 특정한 관측들의 체계 아래에서 어떤 종류의 사실들이 가설적으로 수용되지 못하는지를 알려 준다. 수학은 이와 같은 모든 것들을 사실들과는 퍽이나 독립적으로 가르쳐 준다. 정확히 이것이 바로 가능성의 과학으로서 수학이 하는 기능이다.

그러나 수학적 작업과 물리적 작업에서의 그와 같은 고려들은 한 사람 속에서 통합되는 것이 가장 효율적인데, 왜냐하면 어떤 사실들을 수학적 관계로 옮길 수 있는지를 추측하기 위해서는 특별한 본능이 필요하기 때문이다. 순수한 수학적 시험은 도움이 되지 않을 것이다. 이러한 사실은 이론 물리학자라는 직업의 현재의 발전 상황을 설명해주는데, 이는 전문적인 활동이 단일한 사람 속에서 두 개의 이론적으로 분리된 관심이 동시에 일어나는 것을 요구한다는 것을 다시금 보여 준다. 분명 이론 물리학자의 궁극적인 목표, 물리학의 궁극적인 목표는 자연에 대한 지각이다. 이론 물리학으로부터의 실험 물리학의 분리는 물리학 내에서의 작업 배치에 불과하다. 단일한 사람 속에서 수학적 작업과 물리적 작업이 결합한다는 것이 두 과학이 논리적으로 분리되어 있지 않다는 것에 대한 증명인 것은 아니다. 수학은 물리학의 지성적인 도구다. 수학은 무엇이 허용 가능하고 무엇이 금지되는지를 가르쳐 주지만, 무엇이 물리적으로 옳은지는 결코 알려 주지 않는다.

수학과 물리학 사이의 긴밀한 관계는 결국 이와 같은 두 가지 형식의 과학이 영원히 분리된다는 것에 대한 하나의 증명이다. 물리학이 이토록 밀접한 관련을 맺는 과학은 오직 수학뿐이다. 생물학, 화학, 천문학은 그 전체로서 수학이 가지는 것만큼의 보편적인 의의를 물리학에 대해 가진 적이 없었다. 그럼에도 이 두 과학이 지금까지 함께 성장해 온 것은 아니다. 왜냐하면 이와 같은 형식의 얽힘이 가능한 것은 정확히 수학이 자연과학이 아니기 때문이며 수학은 물리학의 대상과 관련된 그 어떤 실질적인 주장을 하지 않고 단지 자연에 대한 우리의 지식이 따라야 하는 이성적인 관계들만을 알려 주기 때문이다. 가능성과 실재성 사이에서의 상호관계 속에서 자연에 대한 지식이 획득된다. 가능한 과정들을 발견하는 가운데 우리는 실제적 과정들의 특수성을 이해하는 법을 배우며, 주어진 사실들로부터 다른 사실들을 추론하는 법을 배운다. 그것이 바로 수학이 물리학의 보편적인 도구인 이유이며, 또한 왜 물리학을 **수학적** 자연과학으로서 기술하는 것이 이것에 대한 가장 정확한 특성화인지에 대한 이유다.

이상으로 우리는 물리학을 다른 과학들로부터 구획하고자 하는 우리의 논의를 마무리하겠다. 뒤따르는 논의는 오직 물리학과만 관련될 것이며, 물리적 탐구의 과정을 좀 더 정확하게 분석할 것이다.

제5절 지각

물리적 지식의 특징적인 성질은 이것이 수학과 구분되는 것에서 가장 명료하게 드러난다. 물리학은 아는 사람과는 독립적인 존재의 특별한 형식을 갖는 대상들을 다룬다. 우리가 이러한 대상들에 대한 지식을 얻는 수단은 지각이다. 감각 기관은 외적 세계에 대해 우리가 가진 열쇠이며, 따라서 모든 물리적 지식은 지각과 함께 시작한다.

이와 같은 논점은 소박한 사고에서 볼 때 단순하게 여겨지지만 철학적으로 상세하게 검토할 경우 복잡하고 혼란스럽게 여겨진다. 아래에서 우리는 지각의 문제와 관련된 질문들을 다룰 것이다.

만약 우리가 과학 또는 일상생활에서 사용되는 지각을 좀 더 심도 있게 분석할 경우, 우리는 '순수'한 지각이란 없다는 것을 금방 알아차리게 된다. 우리는 다음과 같이 말한다. '전류계가 2.4암페어의 전류를 지시한다' 또는 더 단순하게 '저기에 집이 있다'라고 하며, 이러한 사실이 지각에 의해서 수립되었다고 부른다. 그러나 조금만 생각해 보아도 이러한 진술은 지각이 실제로 가르쳐 주는 것보다 훨씬 더 많은 것을 주장하고 있음을 알 수 있다. 지각이 2.4암페어의 전류를 보여 준다는 것은 전혀 참이 아니다.

기껏해야 측정 기구의 지침이 2.4라는 숫자를 가리키고 있다고 주장할 수 있을 뿐이다. 만약 우리가 이에서 더 나아가 전류에 대한 무엇인가를 주장한다면, 그 주장은 지각을 넘어서서 확장되는 하나의 이론을 포함하고 있다. 집에 관한 주장에 대해서도 기본적으로 동일하다. 만약 우리가 이러한 지각적 상을 자주 가졌고 이것을 우리가 집이라 부르는 대상의 존재에 대한 증거로 간주할 수 있다는 것을 배우지 않았다면, 우리는 '저기에 집이 있다'는 주장에 어떤 식으로든 다다르지 못했을 것이다. 이 주장 역시도 하나의 이론을 포함하고 있으며 지각에 주어진 것을 넘어선다. 그리고 그 결과 이러한 고찰은 첫 번째 사례에 대해 두 번째의 수정을 하게끔 이끈다. 우리는 지각에 기초해서 우리가 주장할 수 있는 것이 측정 도구의 지시자가 2.4를 가리키고 있는 것이라고 말했다. 그러나 우리는 심지어 이것 역시도 지각의 사실로서 간주할 수 없다. 여기서 우리가 직접적으로 갖는 것은 단일한 지각적 상일 뿐이며, 우리가 사물들에 대한 상을 지시자, 측정 도구, 숫자 2.4 등으로 해석을 하는 것이 정당화되기 때문이다. 그렇다면 이 주장 역시 지각을 넘어서서 확장되는 이론을 포함하고 있다. 분명 이 주장은 전류와 관련된 주장보다 훨씬 더 적은 수준의 이론을 포함하고 있고 대략 집에 관한 주장에 비교될 정도의 이론 즉 과학적 이론이 아니라 '일상의 이론'만을 포함하고 있다. 분명 이는 정도의 차이에 지나지 않는다. 따라서 측정 도구를 읽는 것의 기초가 되고 진정한 물리적 이론을 포함하지 않는 아주 기초적인 지각에 대한 사실들조차도 '순수한' 사실들이 아니다.

우리는 사실들에 순위를 매김으로써 이러한 관계들을 증명할 수 있다. 첫 번째 수준의 사실들은 일상생활의 사실들이다. 우리가 제시한 예들인 '저기 집이 있다'와 '지시자는 숫자 2.4를 가리킨다'는 이 부류의 사실들에 속한다. 두 번째 수준의 사실들은 측정 도구들에 의해서 제시되는 자료들인데, 예를 들면 다음과 같다. '전류계는 2.4암페어의 전류를 나타낸다.' 우리는 손쉽게 좀 더 높은 수준들로 나아갈 수가 있다. 예를 들어, 만약 우리가 특정한 양을 확정하고자 한다면 우리는 복잡한 교정 공식을 사용하는데, 이 공식 자체는 두 번째 수준의 사실로 해석된 측정 도구를 통해 얻어진 자료에 대한 교정이며, 이는 세 번째 수준의 사실이 된다. 이에 관한 예는 저울에 의해 지시된 물체의 무게인데, 이때 진공을 기준으로 한 교정이 이루어졌다. 이보다 더 높은 수준의 사실은 스펙트럼의 발견이다. 이른바 실험 물리학의 사실들은 모두 더 높은 수준의 사실들이다. 가장 낮은 수준의 사실이 세 번째 또는 두 번째 수준의 사실이지만, 첫 번째 수준의 사실은 거의 언급되지 않는다.

그러나 우리는 첫 번째 수준의 사실들조차도 '순수'하지 않음을 발견했고, 따라서 우리는 순수한 사실들을 지정하기 위해서 영(0) 번째 수준의 사실들을 찾아야만 한다. 이러한 영 번째 수준의 사실들은 분명 즉각적인 지각적 경험 그 자체다. 이러한 사실들은 다음과 같은 형식을 갖는다. '지금 푸르다', '지금 폭발 소리가 들린다', '지금 삼각형이 있다'. 이러한 문장들에서 기술된 지각 내용을 감각이라고 부른다. 이 단어는 대부분 자신에 대한 경험 즉 자아 경험을 함께 제시하며, 이에 따라 우리는 그 표현을 다음과 같이 공식화한다. '나는 폭발 소리를 듣는다.' 그러나 이러한 두 번째 공식화도 더 멀리 나간 것이다. 분명 첫 번째 부류의 문장이 옳으면 이에 대응하는 두 번째 공식화의 문장은 항상 옳지만, 두 번째 공식화의 문장은 무엇인가 다른 주장을 하고 있다. 왜냐하면 이 문장은 용어 '나'를 포함하고 있고 따라서 '나'에 대한 주장이기 때문이다. 감각에 대한 단순한 보고는 '나'를 포함하지 않으며, 바로 그것이 우리가 첫 번째 공식화를 선택하는 이유다. 본질적으로 감각 경험의 보고에서 빠질 수 없는 '지금'이라는 용어가 나타나게 된다.

지각이 갖는 핵심적인 특징은 지각이 우리의 의지에 종속되지 않는다는 것이다. 나는 나의 의지를 통해서 집에 대한 상을 꾸며 낼 수는 있지만, 집에 대한 지각을 만들 수는 없다. 지각이라는 행위 속에서 나는 오직 관찰자에 지나지 않으며, 보이는 색깔 또는 형태를 주어진 대로 수용할 뿐이다. 우리가 우리의 능동적 태도를 수동적 태도와 구분한다는 것은 우리가 이후 6절에서 논의하게 될 근본적인 사실이다. 이것은 우리와 독립적인 사물들의 존재에 대한 우리의 믿음과 본질적으로 연결되어 있다.

비록 우리가 지각적 경험에 대한 우리의 공식화로부터 '나'라는 용어를 생략하긴 했지만, 앞서 언급된 예들은 감각에 대한 기술로서만 간주되어야 하며 감각의 객관적 원인에 대한 주장으로서 간주되어서는 안 된다. '지금 폭발 소리가 들린다'라는 진술은 폭발이 대기 중에서 일어나고 있음을 뜻하는 것이 아니다. 왜냐하면 이 주장은 청각 신경이 예를 들어 전류에 의해서 적절하게 자극되는 경우에도 허용될 것이기 때문이다. 분명 그와 같은 경우에 이 주장은 거짓이 아니다. 그러나 우리가 폭발이 공기 중에서의 한 사건을 의미한다면, 주어진 주장은 첫 번째 수준의 사실이 된다. 영 번째 수준의 사실로서 이는 공기 중에서 일어나는 진동의 경우와 신경에 대한 전기적 자극 모두에 동등하게 적용된다. 여기서 우리는 추론의 과정이 어떻게 영 번째 수준에서 첫 번째 수준의 사실로 이끄는지, 그리고 심지어 이 단계마저도 어떻게 오류일 수 있는지를 알 수 있다. 이른바 감각적 환각들은 그 근원을 여기에서 찾는다. 예를 들어 동일한 물에 손을 넣어 판단할 경우, 이에 대한 판단은 물에 손을 넣기 전에 손이 따뜻한 물 속에 있었는지 차가운 물 속에 있었는지에 의존한다. 이러한 상황에서 영 번째 수준의 사실은 하나의 감각은 '차가움'을 나타내고 다른 감각은 '따뜻함'을 나타낸다는 올바른 주장이다. 잘못된 주장은 첫 번째 수준의 추론된 사실 즉 이와 같은 감각의 차이가 객관적인 온도의 차이에 대응한다는 것이다. 영 번째 수준의 사실들은 이 사실들이 오직 감각들을 보고한다는 사실에 의해서 완전히 확실하다.

하지만 동시에 우리는 이러한 확실성이 우리에게는 소용이 없음을 인지한다. 과학과 일상생활 모두 영 번째 수준의 사실들만으로는 이루어지지 않는다. 우리는 항상 더 높은 수준의 사실들로 나아가야만 한다. 따라서 그 결과 우리는 영 번째 수준의 사실들과는 거의 관계를 맺지 않고, 우리의 복잡한 지각적 경험으로부터 영 번째 수준의 사실들을 도출하기 위해서는 어느 정도의 연습이 필요하다. 우리의 지각적 경험 그 자체는 대개의 경우 추론의 사슬을 생략하고 첫 번째 수준의 사실들을 완전히 확실한 것으로 받아들인다. 이것이 감각적 환각들을 그토록 놀라운 것으로 만든다. 또한 이와 관련되어 있는 것은 감각 경험의 내용이 사태의 객관적 상태에 관련된 추가적인 지식에 의해서 실제로 변경된다는 사실이다. 예를 들어 우리가 벽의 깊이를 추정할 수 있을 경우 우리는 빛을 받는 벽의 밝기를 다르게 판단한다. 심리학자들은 이러한 관계들을 매우 정확히 연구해 왔으나, 그와 같은 연구가 우리의 인식론적 성찰과 반대되는 것을 증명하지 않음은 분명하다. 단지 판단 과정의 심리학적 복잡성만을 드러내는 역할을 할 뿐이다.

우리의 고찰은 지각의 도움을 받는 자연에 대한 지식이 오직 지각만을 가지고서는 존재할 수 없는 과정임을 보여준다. 그러나 지각은 자연 지식의 핵심이다. 자연 지식은 그 자체로 열린 문 너머 다양한 방향으로 뻗어 나가는 길이다. 우리는 **이론적 사고**에 의해서 이러한 길로 인도된다. 우리가 과학적 사고의 전체 체계를 이와 밀접히 얽힌 심적 구성물들과 함께 고려할 경우 이는 더 분명해진다. 심지어 과학은 지각적 내용을 방법론적으로 작업하여 이론화하는 것으로 기술될 수 있다. 이 과정에서 과학은 더 높은 수준의 사실들로 나아가는데, 예를 들어 물질은 원자들로 구성되어 있다거나, 모든 진정한 역학적 운동은 특정한 다른 운동들에 비해서 매개변수의 특정한 함수가 최소가 된다는 주장으로 나아간다. 그러한 주장들은 대개 이론적 지식이라 불리며 지각적 지식과 대조된다. 그러나 우리의 논의는 이러한 차이가 오직 정도의 차이임을 분명히 증명하며 그러한 주장을 '허구' 또는 '오직 이론'이라고 단정하는 것이 완전히 잘못된 것임을 보여 준다. 이들은 기본적으로 지각적 사실들이라 부르는 것과 동일한 방식으로 얻어진다. 높은 수준의 지식만이 아니라 자연의 모든 지식이 예외 없이 지각과 추론의 상호작용에 기초한다.

제6절 실재의 문제

지각적 지식에 대한 우리의 탐구는 영 번째 수준의 사실들을 감각에 대한 경험으로서 고립시키게끔 만들었다. 이와 같은 분리를 통해서 '내적 세계'와 '외부 세계'의 분리가 주어졌으며, 이제 우리가 감각으로부터 무슨 권리를 가지고 우리 밖에 있는 사물들의 존재를 추론하는지의 문제가 제기된다.

우리는 그 어떤 형이상학적인 가정과는 독립적인 관점을 수립하는 것으로 논의를 시작하자. 모든 물리적 지식은 지각과 연결된 심적 구성물에 의해 구축된다. 그리고 그것의 실험적 시험 역시 특정한 지각들에 대한 경험을 최종적으로 분석하는 것으로 이루어진다. 따라서 이는 지각들 사이의 계열적 관계를 수립하는데, 기본적으로는 다음과 같은 형식으로 쓸 수 있는 주장이다. '만약 특정한 지각 a_1'이 일어나면, 특정한 지각 a_2' 또한 일어날 것이다.' 만약 우리가 이 함축을 기호 '∋'를 이용하여 쓴다면, 명제는 다음과 같은 형식을 갖게 된다.

$$a_1' \ni a_2'.$$

일반적으로 이와 같은 형식의 표기는 a_i'이 이미 시간적으로 연속적인 또는 동시적인 지각들의 결합으로 구성되어 있을 경우에 가능하다. 따라서 이 가능성은 우리의 표기에 반드시 포함되어 있어야 한다. 우리는 더 나아가 다음을 명심해야 한다. 심지어 이러한 확장에서조차도 개별적인 함축은 주어진 물리적 지식을 전부 드러내지 않는다. 오히려 그와 같은 함축들의 전체 계열들이 열거되어야만 한다.

우리가 물리적 진술 a에 속하는 a_i'에 대한 사례를 찾는 경우 우리는 a로부터 시작한다. 그러나 인식론적 관점에서 볼 때는 정반대다. 왜냐하면 a_i' 전체는 주어지는 것이고 a는 이들로부터 구성되어야 하기 때문이다. 이와 같은 이유로 일련의 지각들 사이의 함축들을 가지고 a를 완전히 정의하는 것이 기본적으로 가능해야만 한다. 우선 우리는 결론이 포함되어 있다는 사실을 무시할 것이다. 어쨌든 우리는 좀 더 겸손한 주장 즉 인지 a는 모호함이 없이 그와 같은 일련의 함축들에 **동등화된다**는 주장을 수립할 수 있다. 동등화는 이중 화살에 의해서 표기될 것이다. 그러면 우리는 관계를 다음과 같이 기호화할 수 있다.

$$a \leftrightarrow \left\{ \begin{array}{l} a_1' \ni a_2' \\ \cdots\cdots\cdots\cdots \\ a'_{2n-1} \ni a'_{2n} \end{array} \right\} \qquad (1a)$$

만약 우리가 우변에 있는 명제 체계를 기호 "a′"을 이용하여 축약할 경우, 우리는 다음과 같이 기호화할 수 있다.

$$a \leftrightarrow a'. \qquad (1b)$$

여기서 우리는 a가 사물들의 요소 a_i로 구성된 것으로 생각할 수 있는데, 이는 a′이 요소 a_i'으로 구성된 것과 꼭 같다. 좌변에는 '외부적' 주장이 있다. 우변의 a_i'은 오직 지각들만을 즉 영 번째 수준의 사실들만을 포함하며 따라서 우변은 그 본성상 '내적'이다. 이러한 관계의 도움으로 **객관적 사물들에 관련된 모든 명제는 지각적 경험들에 관한 주장으로 표기될 수 있다.**

예를 들어, a를 '물질은 원자들로 구성되어 있다'라는 진술이라 한다면, a_i'은 화학자가 화학 결합의 무게를 확인할 때 갖는 지각적 경험들 또는 물리학자가 방사능 실험을 할 때 갖는 지각적 경험들이다. 물론 이러한 지각적 경험들은 원자와는 직접적으로 아무런 관계가 없다. 이들이 원자의 '그림들'인 것은 아니다. 오히려 이들은 측정 도구, 스펙트럼 선, 안개 속 빛나는 선들을 직접적으로 나타내며, 이러한 것들 역시 a_i'이 아니라 이들에 대응하는 첫 번째 수준의 대상들일 뿐이다. 다른 한편, 원자는 동일한 지각들에 관련되는 높은 수준의 대상이다. 이 예에서 명제 a는 그 자체로 함축이 아니다. 그러나 이 사실은 비실질적인데, 왜냐하면 이는 '만약 전류가 흐른다면 자기장이 생성된다'와 같은 함축이 될 수 있기 때문이다. 다른 한편, 우변은 좌변의 명제를 나타내기 때문에 항상 함축들을 포함해야 한다.

이러한 동등화가 보편적으로 적용 가능하다는 것에는 의심의 여지가 없다. 왜냐하면 만약 이와 같은 방법으로 명제들 a′의 체계와 동등화될 수 없는 명제 a가 존재할 경우, 이 명제는 경험될 수 있는 그 어떤 귀결도 갖지 않는 사태의 존재를 주장할 수 있기 때문이다. 철학적 체계들이 항상 이 원리를 수용했는지 그렇지 않은지는 열린 문제로 남을 수 있다. 최소한 자연과학은 항상 이 원리를 사용해 왔으며, 무엇이 '자연에 관한 의미 있는 주장'으로 간주되어야 하는지에 관한 바로 그 정의와 관련된 핵심적인 순간들에 이 원리를 사용했다. 아인슈타인의 상대론적 사고의 발전은 이러한 근본적인 원리에 의존한다. 좀 더 최근에는 하이젠베르크가 전자의 개념을 결정하는 것과 관련하여 유사한 관점을 증명했다(24절 참조). 따라서 우리는 동등화 (1)의 타당성을 입증된 것으로 받아들일 것이다.

이와 같은 고찰의 의의는 (1)에서의 이중 화살을 해석하는 논의를 시작하게 해 준다는 데 있다. 이를 통해 우리는 실재의 문제를 좀 더 예리하게 공식화할 수 있다. 두 개의 개념이 그 귀결로서 나타난다.

실증주의는 관계 (1)을 동등한 것으로 해석하며, 이중 화살을 동일성 기호 '≡'로 대체한다.

이와 같은 독해에 따르면 모든 '외부 세계 명제' a의 의미는 '내적 세계 명제들'의 체계 a′에 의해서 완전히 주어지며, 우리로부터 특별한 사물과 같은 존재의 문제를 없앤다. 그러면 자연적 대상들은 '구성'의 방법에 의해서 얻어진다. '구성'이란 '높은 수준의 구성물'을 '요소들'에 대한 명제들에 의해서 정의하는 절차로서 이해되는데, 구성물에 관한 모든 명제는 요소들에 대한 명제들의 체계로 변환될 수 있다. 실증주의는 이와 같은 동등화의 과정에 의해 용어 '구성물'을 단순하게 정의한다. 수리논리학으로부터 비롯된 이 개념을 이해하기 위해서 우리는 반드시 러셀의 논리 체계 속 집합들은 이러한 의미에서의 구성물들임을 염두에 두어야 한다. 그렇지만 물론 이들은 오직 특수한 구성물들에 지나지 않으며, 다수의 복잡한 구성물들 역시 정의될 수 있다. 이러한 구성의 과정은 자연적 대상인 a의 요소들 a_i에 적용될 수 있다. 이들은 동등화 (1)에 의해 a_i'으로부터 구성된 구성물들로서 정의된다. 이때 (1)은 동등 관계로 여겨진다. 그렇게 되면 **자연적 대상은 '지각적 구성물'**이다. 대상에 대한 이 개념은 주로 마흐로부터 비롯된다. 좀 더 최근에 와서 이 개념은 러셀과 카르납에 의해서 실질적으로 정교하게 되었는데, 러셀은 오직 집합의 개념만이 요구된다고 믿는다. 카르납은 '구성물' 대신에 '논리적 복합체'라는 용어를 사용한다.

다른 한편, **실재론**은 관계 (1)을 동등 관계로 다루는 것을 거부한다. 이 견해에 따르면 좌변은 추가적인 의미를 갖는데, 이는 존재의 주장을 구성한다. 우리와는 독립적으로 대상들이 존재한다는 명제는 지각적 경험들에 대한 명제에 의해서는 완전히 표현될 수 없으며, 대신 존재에 관한 독립적이고 비한정적인 기초 개념을 포함한다. 이러한 개념은 다소간에 축약된 형식으로 즉 다음과 같이 해석될 수 있다. 지각 가능성은 존재의 기준이지만 존재의 정의는 아니라는 것이다. 존재 개념에 대한 이러한 해석은 많은 철학적 체계들에 포함되어 있다. 설혹 이 체계들이 서로에 대해 다른 측면에서 상당 부분 모순될 수 있다고 하더라도 말이다. 예를 들어, '사물 자체'라는 칸트적인 개념이 이와 같은 방식으로 해석될 수 있지만, 슐리크의 실재론 역시도 이와 같이 해석될 수 있다.

우리는 과학이라는 도구만을 사용해서는 두 개념 사이에서 선택하지 못한다는 것을 인정해야만 한다. 예를 들어 우리는 실험을 통해서는 실재론에 의해서 주장되는 의미에서의 대상들이 존재함을 보여 주지 못한다. 왜냐하면 실험에 의해서 제공되는 궁극적 자료는 그 자체로 오직 지각들이며, 이러한 지각들에 대한 해석의 문제가 다른 지각들에 대해서와 마찬가지로 존재하기 때문이다. 과거의 경험에 호소함으로써, 실재하는 사물들의 존재가 그 어떤 모순에도 맞닥뜨리지 않고 가정되어 왔음을 보임으로써 실재론을 증명할 수 있는 것도 아니다. 왜냐하면 동일한 경험들이 실증주의자의 해석에 유리한 방식으로 손쉽게 해석될 수 있기 때문이다. 여기서의 문제는 외부 세계의 대상들이 실제로 존재하는지의 여부가 아니라 우리가 그 대상들의 존재를 주장할 때 우리가 진정으로 의미하는 것이 무엇인가의 문제다. 사물들은 실재론자에게 존재하는 것만큼이나 실증주의자에게도 존재한다. 하지만 실증주의는 존재의 개념이 지각과 지각의 법칙성으로 추적될 수 있는 환원 가능한 개념이라는 의견이다.

만약 그렇다면 실재론이 자연과학의 필수적인 기초라고 제시하는 것은 오류다. 또한 오직 과학에만 적용 가능하며 일상의 존재 개념과는 다른 특수한 존재 개념을 구성한다는 것은 오류다. 이따금씩 실증주의자의 추론은 원자 또는 전기장과 같은 과학의 '더 추상적인 대상들'에는 집 또는 망원경과 같은 일상생활의 '구체적인 사물들'의 존재와는 다른 특별한 종류의 존재를 부여하는 것으로 이해된다. 원자는 '개념적 구성물'이라고 불려 왔는데 과학이 간략한 표기 방식으로서 도입했고 그것의 존재를 증명하지 못한 것이라는 것이다. 이러한 개념의 오류는 너무 분명하다. 우리가 관계 (1)을 실증주의의 의미에서 동일성 또는 동등으로 해석하는 경우에도 집이나 망원경은 원자와 동일한 의미에서 '개념적 구성물'이자 '논리적 복합체'이다. 또는 실재론을 따라 우리가 존재의 개념을 분석 불가능한 기초 개념으로 해석하면 원자는 집과 망원경이 실재하는 것만큼이나 실재한다. 이러한 두 종류의 존재가 동일한 종류라는 것은 인식론적으로 증명 가능하다. 이 개념은 심오한 귀결들을 갖는다. 이는 자연과학이 일상생활에서의 대상들처럼 우리의 감각으로 접근 가능하지 않은 대상들의 존재를 가정하는 것이 정당함을 보여준다. 이 개념에 대해 논쟁하는 철학 학파들은 지각으로부터 대상으로 향하는 과학적 추론에 대한 그들의 해석에서보다는 '구체적인 대상들'의 존재에 대한 그들의 개념 속에서 더 큰 오류를 범하고 있다. 왜냐하면 이들은 이러한 대상들이 동일한 추론의 과정을 전제한다는 사실을 간과하기 때문이다.

실증주의에 대한 실재론자의 반대는 실증주의의 구성이론에 의해서 초래되는 존재 개념의 복잡성에 의존한다. 실증주의자는 그가 사용하는 존재 개념의 해석을 특별한 방식으로 복잡하게 함으로써만 구성물들의 존재를 공식화할 수 있다. 구성물들의 존재는 두 가지 서로 다른 방식으로 해석될 수 있다. 첫 번째 종류의 사례로서 벽돌들로 구성된 벽을 고려해 보자. 벽은 하나의 구성물이다. 왜냐하면 벽과 관련된 모든 명제가 벽돌들과 관련된 명제들에 의해서 대체될 수 있기 때문이다. 물론 벽은 단순히 벽돌들의 '합'인 것은 아니다. 마치 벽의 금전적인 가치가 벽돌들의 금전적인 가치의 합으로 단순히 주어지지 않는 것과 같다. 오히려 벽은 벽돌들과 명제적 동등화의 복잡한 관계를 갖는다. 그러나 하나의 측면에서 벽은 벽돌들과 '유사하다'. 즉 벽의 시공간적 위치는 벽돌들의 시공간적 위치에 의해서 완전히 주어진다. 분명 벽돌들 사이에는 작은 틈이 있어 벽돌들은 벽에 할당된 공간적 영역 전체를 견고하게 채우지 않는다. 그럼에도 이 공간적 영역은 개별적인 벽돌들의 공간적 영역에 의해서 결정된다. 벽은 벽돌들과 '동일한 장소에 있다'. 그것의 존재의 시간적 지속에서도 동일한 것이 참이다. 물론 벽은 벽이 더 이상 존재하지 않는 방식으로 해체되는 반면 벽돌들은 존재할 수 있고, 역으로 벽돌들은 개별적으로 대체되고 파괴되어도 벽은 그 어떤 벽돌들보다도 더 오래 존재할 수 있다. 그러나 하나의 벽돌이 벽의 원소인 한 벽돌의 시간적 지속은 벽의 시간적 지속과 동일하다고 말하는 것은 참이다. 이제 어떤 것의 시공간적 위치가 그 구성 요소들의 시공간적 위치들에 의해 위의 예에서와 같이 직접적으로 결정될 경우, 그 구성물을 그 자신의 요소들과 일치한다고 부르자.

그러나 실증주의에 따르면 지각으로부터의 구성물로서 대상의 존재는 아주 다른 종류의 것이다. 지각들은 오직 몇몇 순간들에만 존재한다. 우리가 역사 속 과거에 있는 현상을 추론하는 데 사용하는 지각들과 같이, 이들은 이들이 구성하는 대상과는 완전히 다른 시간적 위치를 점유하고 있을 수조차 있다. 그것이 바로 지각적 구성물로서의 대상이 그것의 요소들과 일치하지 않는 이유다. 예를 들어, 만약 우리가 일생 동안 경험한 이 집에 대한 지각들을 구성물 '집'의 요소들로 수용한다면, 우리는 이 '집'에 그 요소들의 시간적 위치를 할당할 수 없다. 만약 우리가 구성물이 그것을 구성하는 최소한 하나의 요소가 존재하는 한 존재한다고 말하고 싶다면, 그 구성물, 즉 집은 집에 대한 개별적 지각들 사이의 간격에는 존재하지 않을 것이며, 나의 죽음 이후 집은 더 이상 존재하지 않을 것이다. 심지어 내가 그것을 보지 않는 때에도 또는 내가 더 이상 존재하지 않을 때에도 구성물 '집'이 존재한다는 명제는 실증주의에서는 아주 다른 형식을 갖는다. 그것은 구성요소들의 시간적 위치에 대한 명제로서 공식화되는 것이 아니라 요소들의 물질적인 성질들 및 그것들의 규칙적 질서에 관한 명제들로 바뀐다. 따라서 내가 보고 있지 않을 때조차도 집이 존재한다는 명제는 함축의 형식을 가진 규칙적 연결에 의해서 표현된다. 만약 내가 이러한 개별적인 지각적 경험(예를 들어 정원에 대한)을 갖고 내 머리의 위치에 대한 개별적인 감각을 갖는다면, 집에 대한 지각적 경험이 나타날 것이다. 그리고 집이 이미 100년 전에 존재했다는 명제는 다음과 같은 형식으로 표현된다. 집에 대한 나의 지각적 경험들은 다른 지각적 경험들 예를 들어 내가 토지 대장을 읽을 때 갖는 경험과 규칙적 연결을 갖는다. 현재의 경험들 사이에서의 규칙적 연결은 '100년 전부터 존재'라는 것에 의해 의미되는 것을 정의한다. 이와 같은 방식으로 실증주의자는 집이 특정한 시간에 존재했다는 명제를 기입해야만 한다. 집은 그것의 요소들과 동시에 존재하지 않는다. 구성물로서의 대상은 그것의 요소들과 일치하지 않는다.

이러한 기입은 분명 모순 없이 수행될 수 있지만, 이는 존재 개념의 의미를 완전히 변환하는 효과를 갖는다. 따라서 실재론자는 정당하게 존재에 대한 실증주의자의 개념이 우리가 존재와 연관시키는 직접적인 의미를 갖지 않는다고 반대할 수 있다. 실증주의자는 요소들의 존재에 대해서는 이러한 직접적인 개념을 사용하는 반면, 그는 이 개념을 구성물들에 대해서는 포기한다. 실증주의자의 존재 개념은 자연적 대상들에 대해서조차도 구성물이며 기초적인 개념이 아니다. 우리는 오직 한 종류의 존재만이 있다는 것, 즉 존재하는 모든 것은 동일한 의미에서 존재하며 '존재의 수준들'에서의 차이들은 오직 요소와 일치하는 구성물의 의미에서만 가능하다는 것을 증명할 수 없다. 만약 우리가 이를 증명하고자 한다면 지각적 경험들로부터의 구성물로서의 대상 개념은 논박될 것인데, 왜냐하면 이는 그것의 요소들과 일치하지 않는 구성물에 대한 수용을 전제하기 때문이다. 그러나 모든 존재의 동일한 본성을 전제하지 않으면 그와 같은 증명이 주어질 수 없다. 따라서 실증주의자는 그가 모든 구성물은 그것의 요소들과 일치해야 한다는 주장을 문제 삼는 한 모순으로부터 보호된다.

그러나 이 지점에서 실재론자는 직접적인 증거에 호소한다. 그는 물리적 대상들의 존재가 경험의 존재와 같이 즉각적이고 직접적인 의미를 갖는다는 것이 절대적으로 필요하다는 입장을 견지한다. 그는 존재를 분석 불가능한 기초적인 개념으로서 간주한다. 논리학의 특정한 근본적 개념들처럼 의미 있는 것으로 식별되어야 하며, 모든 존재하는 것들에 대해 동일한 의미를 가지고, 구성될 수 없는 것으로 여기는 것이다. 그는 '대상들은 나와 나의 경험이 존재하는 것과 동일한 의미에서 존재한다'라는 진술이 의미 있는 진술이라 믿으며, 이 진술을 포기하는 것은 절대적으로 불가능하다고 믿는다. 반면 실증주의자는 이 진술이 의미 없다고 선언해야만 한다.

실재에 대한 이와 같은 개념을 수립하는 것은 우리가 5절에서 언급했던 지각과 상상 사이의 구분에 주로 의존한다. 지각의 수동성은 결국 그 어떤 정상적인 사람도 직관적으로 경험하는 것으로 질적으로 특성화될 뿐이다. 이러한 경험을 통해 사람은 그 자신과 독립적으로 존재하는 대상들의 '존재'의 의미를 지각하게 된다. 물론 몇몇 사상가들은 이에 대해 논박했으며, 대신 지각과 꿈 또는 환각 사이의 차이를 오직 그것들의 계열적 규칙성에서의 차이들에 의해 수립하고자 시도했다. 이 개념에 따르면 둘을 동등하게 두는 것은 경험들 사이의 관계에 모순을 일으킬 것이다. 예를 들어, 사막에서 환각을 경험하는 떠돌이는 물웅덩이에 대한 꿈 같은 경험을 하나의 지각으로서 받아들일 것이고, 그는 '물과 물 마시기의 경험 이후 갈증 해소의 경험이 따른다'는 함축이 적용되는 데 실패함을 발견했을 때 그 자신의 오류를 인식하게 될 것이다. 그러나 우리는 '일관된 환각자'를 상상할 수 있는데, 그는 항상 함축적 연관을 수행하는 환각들을 생산한다. 우리의 예에서 그의 목마름은 정말로 해소가 되는 것이다. 그와 같은 사람은 올바른 논리적 순서를 따라 자신의 경험을 진행해 나갈 것이다. 그러나 만약 우리가 그를 병에 걸렸다고 간주하고 그의 꿈속 세계를 비실재적이라는 이유로 기각한다면, 이에 대한 우리의 유일한 정당화는 건강한 사람이 직관적으로 성취하는, 지각과 상상 사이에서 질적으로 경험되는 차이일 수 있다.

환각 또는 꿈의 상은 지각과는 차별화되어야 한다. 왜

냐하면 이들 속에서는 의지가 결정자로서 역할을 하며, 대부분의 경우 무의식적으로 그렇게 하긴 하지만 인지자가 수동적인 것이 아닌 능동적인 역할을 하기 때문이다. 만약 지각적 함축의 적용 가능성이 추정되는 규칙성에 대한 입증으로 해석되어야 한다면, 미래 지각에 대한 기대가 어떻게든 그것의 존재하게 됨에 영향을 미치지 않을 것이라고 전제하는 것이 필요하다. 우리를 그와 같은 영향으로부터 완전히 자유롭게 하는 것이 어렵다는 것은 잘 알려져 있다. 예를 들어 모든 실험 물리학자와 천문학자는 관측으로부터 읽은 숫자들을 적어 두는 것이 좋다는 사실을 알고 있다. 그가 이 숫자들에 기초한 계산이 어떻게 기대되는 결과에 영향을 미칠 것인지를 깨닫는 기회를 갖게 되기 전에 말이다. 환자의 환각과 소망적인 환상은 우리의 기대에 경험이 의존하는 극단적인 경우이며, 정확히 이것이 바로 그것들이 외부 세계로부터의 보고로서의 지각들로 간주되어서는 안 되는 이유다. 기대의 영향이 항상 분명히 드러나는 것은 아니며, 현대 심리학은 심지어 정상적 지각조차도 우리가 일상적으로 믿는 것보다 훨씬 더 많은 정도로 기대와 소망에 의해서 영향을 받는다는 것을 보여 주었다. 그렇다면 만약 우리가 심리학적 방법론, 과학적 지식으로 하여금 '순수한 지각'을 믿도록 요구한다면, 그럼에도 결국 우리는 오직 질적으로만 특성화될 수 있는 차이,

통찰을 필요로 하는 차이를 다루는 것이다. 세계와 자아 사이의 구분은 이러한 통찰에 근거한다.

따라서 우리는 지각과 상상 사이의 차이가 단순히 그것들을 구성한 법칙적 연결의 도움을 받아서 수행될 수 있다는, 자주 제시되는 관점을 수용할 수 없다. 건강한 사람은 오직 이따금씩만 규칙적 법칙들을 이와 같은 구분의 불확실함을 확인하기 위한 기준으로서 사용할 뿐이다. 예를 들어 우리는 벨이 정말 울리는지에 대해서 스스로에게 물어본 후, 문 밖에 서 있는 사람을 확인하는 데 실패함으로써 우리의 경험이 진정한 지각이 아니었다고 판단한다. 그러나 일반적으로 우리는 이 구분을 주어진 것으로 가정해야 한다. 그러지 않을 경우 우리 경험들의 질서 짓기 문제는 미결정적일 것이다. 만약 우리가 지식을 얻는 데 실제로 사용되는 절차를 관측한다면, 지각들 내에서의 규칙성을 확신하는 방식으로 우리가 '초기의 구분들'이라는 더 거대한 저장소 없이 지각들을 다른 경험들로부터 분리하는 것 또한 성공할 수 있다는 가능성을 주장하기는 어렵다.

여기서 우리는 실증주의와 실재론 사이의 결정과 관련된 모든 세부 사항을 제시하고자 제안하지 않는다. 그저 실증주의에 반대하는 비중 있는 논증들 다수가 존재하며, 필자는 실재론을 선호하기로 했음을 말해 둔다. 다른 한편, 실증주의와 실재론은 상당한 영역에서 서로 평행한 관계에 놓일 수 있다. 특히 실재론자는 구성 과정이라는 개념 즉 동등화하는 명제들에 의한 구성 정의를 수용할 수 있다. 그러나 이 개념은 그로 하여금 대상 이론이 아닌 개념 이론에 다다르게 할 것이다.

개념이란 무엇인가? 개념과 대상이 서로 구분되어야 한다는 것은 아주 오랫동안 분명하게 여겨졌다. 개념은 대상과 동등화되지만 대상과는 본질적으로 다르다. 그러나 만약 대상의 존재 문제가 어둠 속에 싸여 있다면, 개념의 존재 문제는 훨씬 더 깊은 어둠 속에 싸여 있다. 만약 개념이 대상이 아니라면 어떻게 그것이 존재할 수 있는가? 플라톤의 시대 이래로 이러한 난점은 개념들의 존재를 위한 특별한 영역이라는 개념이 등장하게 했다. 개념들은 '이상적인' 혹은 '개념적인' 영역에 존재한다는 것이다. 이 개념에 포함된 위험은 그것이 개념의 문제를 흐릿한 상(象)인 유비(analogy)를 통해 해결하고자 시도한다는 데 있다. 사실 이 영역에 대한 공간적인 상이 무엇인지 혹은 이 맥락에서 '존재'라는 용어가 어떤 의미로 사용되었는지를 말하기는 불가능하다. 우리는 구성 이론이 더 좋은 답을 제공할 수 있음을 보이기를 바란다.

개념과 대상이 내적 유사성을 갖지 않음은 매우 분명하다. 개념은 단지 대상과 동등화될 뿐인 기호(Zeichen)다.

개념에 대한 이러한 기호적 해석은 최근 특히 슐리크(Schlick)와 힐베르트(Hilbert)에 의해 강조되었으며, 힐베르트는 '최초에 기호가 있었다'라는 것을 표어로 삼아 그의 논리적 탐구를 진행해 왔다. 그러나 기호란 무엇인가? 만약 우리가 기호를 위해 특별한 형태의 존재를 도입하고자 한다면, 우리는 단지 개념의 관념론적 이론에 있는 흐릿한 개념을 다시 도입하는 셈이 될 것이다.

따라서 우리는 다른 해석, 즉 기호들 역시 물리적 대상에 지나지 않는다는 해석을 제시한다. 사실상 우리가 사용하는 모든 기호는 하나의 대상이다. 쓰인 기호는 연필심의 입자들로 이루어진 물질적 구성물이고, 말해진 단어는 소리의 진동으로 구성되는 물질적 발생이며, 이와 유사하게 하나의 깃발은 특정한 태도에 대한 기호다. 그러한 대상은 다른 대상과 동등화됨으로써만 기호로서 그 의미를 획득한다. 그렇다면 개념들이 기호라고 하더라도 이들이 대상이 되는 것을 막는 것은 없다.

그러나 어떤 종류의 대상이라는 말인가? 이 지점에서 구성 이론의 역할이 등장한다. (1b)의 우변에 대해 우리는 이와 동등한 주장 a^*를 동등화할 수 있다.

$$a^* = a' \tag{2}$$

다시금 a^*는 a의 모든 요소 a_i에 대해 a^*의 요소 a_i^*가 유일하게 대응하는 방식으로 a와 동등화되어 다음과 같은 관계가 만족된다.

$$a \leftrightarrow a^* \tag{3}$$

이 공식과 (1b) 사이의 차이가 동등화의 유일한 본성을 이루는데, 이는 (2)가 a'의 변환을 수행한다는 사실을 통해 얻어진다. a'의 요소 a_i'이 경험이라면 a^*의 요소는 경험적 구성물 즉 a_i의 요약물이며, 동등화 (3)의 유일한 특성으로 인해 a_i^*는 정확히 우리가 개념이라고 부르는 것이다. 여기서 경험적 구성물과 요소 경험 사이의 유형(Artgieichheit) 동등성은 허용이 가능한 것인데, 왜냐하면 개념은 경험의 시간에 존재하나 대상의 시간에 존재하지 않기 때문이다.

예를 들어보자. a를 '탁자는 직사각형이다'라는 주장이라 해 보자. 그런 경우 a'은 "내가 '다리가 달린 평면'을 볼 때 나는 또한 '비스듬한 평행사변형'을 본다", "내가 모서리를 쓰다듬을 때 나는 '모퉁이'를 네 번 느낀다" 등과 같은 형식을 가진 주장들의 체계다. 이와 대조적으로 a^*는 다음과 같은 주장이다. "내가 경험적 복합체 '탁자'가 실현되는 것을 발견할 때마다 나는 또한 경험적 복합체 '직사각형'이 실현되는 것을 발견한다."

이제 우리는 개념 이론에 도달했다. 개념은 명제적 동등화 (2)에 의해 정의된, 지각들로부터의 구성물이다. 개념은 모든 복합적인 정신적 경험이 그 존재를 가지는 것과 같이 존재를 가지므로 대상이다. 개념은 개념과 동등화되는 대상의 시간적 위치와는 독립적으로 어떤 사람이 그 개념이 존재한다고 생각하는 한 존재한다. 개념은 동등화 (3)을 통해서 기호로서의 의의를 부여받는데, (3)은 모든 대상의 전체성과 개념이라는 특별한 대상 사이의 매개를 수립한다. 이 상황을 명료화하기 위해 우리는 하나의 지도가 그 지도가 그리고 있는 나라의 특정한 지면 위에 펼쳐져 있는 모습을 고려할 수 있다. 지도는 커다란 공간적 영역 속에 있는 모든 점을 이 점 중 선택한 일부와 동등화한다.

만약 우리가 개념과 대상을 날카롭게 구분하는 방법이 우리를 실증주의보다는 전통적인 철학적 관점에 가깝게 보이게 할 경우에도 우리는 실증주의처럼 수학적 논리학으로부터 자라난 구성의 개념을 받아들인다. 따라서 오래된 개념 이론에 대한 새 이론의 우월성은 새 이론이 명제를 1차적인 것으로 간주하고 이와 대조적으로 개념을 오직 명제들을 통해서만 정의되는 2차적인 것으로 간주하는데 있다. 개념은 그 자체로 의미를 가지지 않으며 오직 명제들과 함께 의미를 갖는다. 이렇듯 개념과 명제 사이의 관계가 변하면서 우리는 수학적 논리학의 가장 중요한 결과 중 하나를 관측할 수 있게 된다. 새 이론이 '게슈탈트 이론'과 갖는 관계는 분명하다. 명제들은 '게슈탈트 특성'을 갖는다. 이들은 독립적 존재를 갖고 게슈탈트 특성이 결여된 요소인 개념들을 결합함으로써 구성되는 것이 아니라 그 반대다. 개념들은 게슈탈트와 같은 요소들인 명제들과의 관계를 통해 정의된다.

다른 한편, 비록 실증주의가 우리가 취하는 형태의 비판적 실재론과 함께 구성이라는 방법론의 논리적 이득을 공유한다고 하더라도, 우리는 명제들인 a와 a*의 동등성 개념을 대상과 개념의 동일시로서 기술해야 한다. 아마도 이는 우리가 실증주의를 거부하는 가장 명백한 이유일 것이다. 왜냐하면 오직 이러한 날카로운 구분에 의해서만이 자연의 대상이 우리의 경험과 독립적인 존재를 갖는다는 사실이 온전히 공식화될 수 있는 것처럼 보이기 때문이다. 우리는 일상생활에서 사용되는 기초적인 존재 개념을 포기할 수 없다. 사실상 이러한 기초적인 존재 개념에 심각한 의심을 제기하는 일은 거의 불가능한 것처럼 보인다. 오히려 중요한 것은 이 개념을 일관성 있게 구현하는 것이다. 분명 이와 관련된 추가적인 몇몇 작업이 이루어져야 한다. 만약 존재가 개념과의 동등화를 나타낸다면, 그것은 반드시 적법하게 도입된 모든 개념을 어떤 대상과 동등화할 수 있어야 한다. 그러나 언어에 대한 감각은 때로 항상 유지될 수는 없는 구분을 요구하기도 한다. 우리는 빛 광선을 진정한 시각적 이미지 혹은 하나의 대상이라고 부르고 싶어 하지 않는다. 온도 또는 전류에 대상이라는 이름을 붙이는 것에 대해서는 더욱더 꺼린다. 만약 우리가 이에 대한 이유를 검토하게 된다면, 우리는 언어에 대한 우리의 감각이 요소와 관계 사이의 논리적 구분을 존중하려 하고, 요소의 존재를 인정하나 관계의 존재는 인정하지 않으려고 시도함을 알게 된다. 여기에 실체에 대한 철학적 개념의 근원이 있다. 그것은 아마도 논리적 요소의 개념에서 비롯된 것으로 볼 수 있을 것이다. 언어는 많은 경우 관계에 명사를 부여하며, 이는 존재의 개념을 이러한 관계들에 관해 적용하는 것에 대한 의심을 불러일으킨다. 예를 들어 우리는 원자들이 논리적인 의미에서의 요소들이기 때문에 원자들에는 전류의 세기에 비해서 더 기꺼이 존재성을 부여하고자 한다. 후자인 전류는 '실체화된' 관계이며, 전류는 그 관계의 요소들이다. (즉 전류의 '크기'와 관련된 명제는 다양한 전류 사이에 있는 '더 크거나 더 작은 크기'의 관계들에 대한 명제들로 변환될 수 있다.) 다른 한편, 전류는 실체의 특성을 갖는다. 오늘날까지도 이와 같은 관점에 입각한 과학적 개념에 대한 탐구가 이루어지지 않았다. 특히 요소와 관계 사이의 구분이 진정 궁극적인 구분인지에 관한 질문은 열린 채로 남아 있다. 아마도 각각의 요소는 다시금 다른 요소들 사이의 관계로 해소될 수 있을 것이다. 개념의 논리적 구조에 의존하고 있는 이러한 난점들을 우회하기 위해 '실재' 개념을 도입하여 그 개념에 존재의 개념보다 더 큰 범위를 부여하는 것이 편리한데, 존재 개념은 오직 실체적 (요소적) 대상들에만 국한된다. 그러면 전류와 온도의 크기는 실재성을 갖게 되지만, '집이 산의 북쪽에 서 있다'와 같은 관계 또한 실재성을 갖게 될 것이다. 더 나아가 우리는 '사태들의 상태'에 대해서도 실재성을 부여해야만 할 것이다. 그러면 모든 명제는 각각의 개념이 대상과 동등화되는 것과 동일한 방식으로 사태들의 상태와 동등화될 것이다.

제7절 확률 추론

이전의 절에서 우리는 (1)에서 사용된 이중 화살의 의의를 탐구했다. 이제 우리는 (1)에서 사용된 기호인 '∋'의 의미를 탐구해야만 한다.

이 기호는 하나의 **함축**을 주장하는데, 왜냐하면 이 기호는 '만약 a_1이면 a_2다'라는 형식의 연결을 서술하고 있기 때문이다. 그러나 이 기호는 이 연결을 절대적으로 필수적인 것으로 제시하고자 하는 것이 아니라 오직 확률적인 것으로 제시하고자 한다. 따라서 우리는 이를 **확률 함축**이라고 한다. 엄격한 함축은 확률이 (1)과 같은 극한적인 사례에 대응할 것이다. 그러나 우리는 이와 같은 극한적인 사례조차도 논리적 함축과 동일하지 않고 오직 이에 대응함을 주목해야만 한다. 왜냐하면 논리적 함축은 **명제들** 사이의 연결을 나타내는 반면, 확률 함축은 **사물들**과 **사건들** 사이의 연결을 나타내기 때문이다.

(1)의 우변에 있는 주장들을 얻는 절차는 오직 확률의 기초만을 제시할 뿐 확실성의 기초를 제시하지는 않는다. 기본적으로는 다음과 같은 오직 하나의 절차만이 존재한다.

우리는 이전까지 경험된 지각들에 대해 하나의 규칙성

이 적용됨을 수립한 후, 미래의 지각들이 동일한 규칙성을 나타낼 것이라고 주장한다. 여기서 우리는 일종의 도약하는 특성을 가지는 추론을 다루고 있다. 이 추론은 **귀납적 추론**이라고 알려져 있다. 귀납에 의해서 확률 개념은 자연지식에 도입되는데, 왜냐하면 미래 지각들과 관련되는 이러한 종류의 주장들은 오직 확률과 함께만 제시될 수 있기 때문이다. 따라서 귀납적 추론은 또한 **확률 추론**으로도 알려져 있다.

이와 함께 가장 예외적인 형이상학적 가정이 지식과 관련하여 전제된다. 왜냐하면 이 추론은 지각들의 예측을 의미하기 때문이다. 그러나 지각들은 우리의 의지에 종속되지 않으므로 우리는 원리상 지각들이 일어날지의 여부를 알 수 없다. 따라서 추론은 궁극적으로 다음과 같은 형식을 가진다. '만약 내가 초록색이 푸른색과 관련되는 것을 일곱 번 보았다면, 그리고 내가 초록색을 여덟 번째 보았다면, 나는 그곳에서 다시 푸른색을 볼 것이다.' 물론 예측이란 이 예에서 제시된 것처럼 유사한 사례들을 셈하는 것과 같이 단순한 규칙성에 일반적으로 의존하는 것은 아니다. 오히려 과학 이론 전체의 구성이 예측에 개입된다. (1)의 우변의 언어에서 이 주장은 다음과 같이 작동한다. 선택된 지각들의 집합이 주어지면, 우리는 이 지각들을 관측하고자 하는 지각과 연결하기 전에 모든 계열의 조건들이 충족되기를 요구한다. 위에서 제시한 예에서 우리는 도식화하고 있는 것인데, 이 조건들을 단순한 색깔 기술인 '초록'으로 대체하지만, a_i'에 대한 특성화는 바로 이 종류의 것이다. 따라서 모든 확률 추론은 예에서 제시된 것과 꼭 같이 불만족스럽다. 우리는 이를 정당화하지 못하며, 단지 이에 대한 우리의 지식을 뒤따르는 세 명제들 속에서 요약할 수 있다.

1. 확률 추론은 논리적으로 정당화될 수 없다. 왜냐하면 이 추론은 관측된 사례들에서 관측되지 않은 사례로 나아가며, 관측되지 않은 사례에 대해서는 절대적으로 그 어떤 것도 알려질 수 없기 때문이다.

2. 확률 추론은 경험적으로 정당화될 수 없다. 왜냐하면 이것이 과거에 아주 빈번하게 작동했다는 사실로부터는 이것의 타당성을 추론하는 것이 불가능하기 때문이다. 이러한 추론 자체가 하나의 확률 추론이다.

3. 확률 추론은 과학에서 필수 불가결하다.

흄은 확률 추론이 갖는 처음의 두 특성들을 정확하게 공식화한 최초의 인물이었다. 그는 또한 세 번째 특성에 대해서 언급한 바 있다. 그렇지만 그는 우리의 지식 체계에서 확률 추론이 차지하는 중심적 위치를 인지하지 못했다. 그는 이러한 형식의 추론이 정당화될 수 없는 하나의 습관으로서만 설명될 수 있다고 믿는다. 그러나 이러한 관점은 문제를 해결하는 데 도움이 되지 않는다.

따라서 우리는 이와는 다른 방식으로, 즉 기초적인 논리적 개념으로서 확률 개념을 도입함으로써 나아간다. 우리는 확률 개념의 의미가 공리적으로 주어진 것이라고 받아들인다. 즉, 우리는 다음과 같은 두 개의 공리적인 전제들을 가정한다.

1. 유한한 수의 사례들로부터 모든 사례들을 확률과 함께 추론하는 것이 의미가 있고 허용 가능하다.

2. 한 현상의 확률로부터 이 현상이 유한한 수의 사례들에 대해 발생하는 확률을 추론하는 것이 의미가 있고 허용 가능하다.

가정 1과 2를 설정하는 것에 대한 정당화는 여기서 검토하지 않을 것이다. 이 물음에 대해 만족스러운 답을 제시하는 것은 거의 불가능할 것이다. 왜냐하면 이는 인식론에서 가장 이해하기 힘든 문제를 포함하고 있기 때문이다. 다른 한편, 우리는 일상생활과 과학에서 가정 1과 2에서의 의미의 확률 개념을 늘 사용한다는 것, 우리는 이 개념 없이는 절대로 지낼 수 없다는 것을 확립할 수 있다.

확률의 문제는 실재론에 대해서 뿐만 아니라 실증주의에 대해서 또한 제기된다는 것을 지적해야만 한다. 왜냐하면 설혹 실증주의가 (1)의 우변에 있는 형식의 주장들로 유지될 수 있다 하더라도, 확률 개념은 심지어 (1)의 우측에서조차도 나타나기 때문이다. 실증주의자 역시 지각들 사이에서의 연결들이 가지는 법칙성을 주장하는 것을 피할 수 없다. 따라서 심지어 실증주의조차도 형이상학적 가설 즉 확률 추론을 포함하며 따라서 지식의 문제에 대해 완전하게 이성적인 설명을 제시하지 못한다.

다른 한편, 우리의 논의로부터 분명해진 것처럼 실재론에 따르면 확률 개념의 발생은 지각들로부터 초월적 대상으로의 추론으로부터 비롯되는 것이 아니다. 확률의 개념이 지식 속에 도입하는 것은 존재의 주장이 아니라 일반적인 법칙적 연결에 대한 주장이며, 이때의 연결은 대상들에 적용되든 경험들에 적용되든 상관이 없다. 따라서 우리가 특정한 확률로 초월적 대상들에 대해 말할 수 있다고 이야기하는 것은 무의미할 것이다. 확률 개념은 존재적인 공리 그 자체에는 적용될 수 없다. 왜냐하면 이 공리는 귀납적으로 추론되지 않기 때문이다. 확률 개념과 존재 개념 사이의 관계는 완전히 다르다. 만약 우리가 실증주의를 따라서 (1)에서의 이중 화살을 동일성이라고 본다면, 존재의 주장은 확률의 주장과 동일한 것이 된다. 즉 대상들의 존재에 대한 믿음은 확률 공리에 대한 믿음과 동일하다. 따라서 두 형이상학적 가설들은 하나로 환원되며, 이는 아마도 실증주의에 대한 가장 강력한 지지의 원천일 것이다. 실재론에 따르면 이와 같은 동등성은 추진될 수 없다. 실재론에서 확률 공리는 존재에 대한 주장의 한 구성요소에 지나지 않으며, 전체로서의 존재 주장은 추가적인 내용을 갖는다.

제8절 진리의 물리적 개념

이제 우리는 인식론에서 가장 중요한 물음들 중 하나로 나아갈 수 있다. 물리적 명제는 언제 참인가?

우선 예비적인 언급을 하도록 하자. 사람들은 많은 경우 진리의 정의에 대해 이야기하고, 이에 따라서 진리 개념에 대한 다양한 정의들 속에서 개념들이 기술되어야 한다고 지정한다. 그러나 이와 같은 지정은 오해를 불러일으킨다. 우리가 원하는 임의의 방식으로 전자의 개념을 정의할 수 있다는 것에는 의심의 여지가 없지만, 이것은 진리 문제의 의의가 아니다. 오히려 문제는 우리가 진리에 대해서 말할 때 우리가 생각하는 것이 어떤 개념이냐 하는 것이다. 또는 다음과 같은 질문이 더 적절할 것이다. 현재 과학이 실제로 사용하고 있는 진리의 개념은 무엇인가? 이 질문은 정의에 의해서는 답변될 수 없다. 답변은 그 자체로 실질적인 정보를 구성할 것이다. 그렇다면 이로부터 우리는 진리의 정의에 대해서 말하는 것이 아니라 특성화에 대해서 말한다는 결론이 따라 나온다.

가장 오래된 특성화는 다음과 같다. 진리란 개념과 그 대상 사이의 대응이다. 이러한 답변은 사진이 대상들을 찍는 것과 마찬가지로 개념이 그 대상들을 반영한다는 가정으로부터 비롯된다. 그러나 우리의 이전까지의 탐구는 이것이 유지될 수 없는 가정임을 보여 준다. 지각으로부터 대상에 이르기 위해 우리는 처음에는 지각들을 개념에 동등화하고[6절의 (2)에서처럼] 다음으로는 이 개념을 대상에 동등화하는[6절의 (3)에서처럼] 논리적 사슬을 필요로 한다. 따라서 지각은 대상과 매우 복잡한 방식으로 동등화되며, 오직 몇몇의 단순한 경우들 즉 첫 번째 수준의 사실들에서만 동등화는 그와 같은 단순한 특성화를 갖는다. 이러한 경우에만 우리는 지각을 대상에 대한 하나의 그림으로 볼 수 있는 것이다. 높은 수준의 대상들에 대해서는 분명 더 이상 이것이 가능하지 않다. 그리고 이와 같은 전이가 연속적인 까닭에, 첫 번째 수준의 대상에 대해서조차도 지각들을 그림들로서 간주하는 것은 의미를 갖지 못한다. 개념과 대상 사이에 적용되는 동등화의 유형은 오직 수학적 의미에서의 사상과 비교될 수 있으며, '유사한 그림을 생성하는 것'이라는 의미와는 비교될 수 없다. 따라서 우리가 대상에 대해 형성하는 개념은 이 대상과 그 이상의 추가적인 유사성을 갖지 않는다. 개념은 단지 대상과 동등화되며, 개념과 대상의 비교에 의해서는 진리를 특성화하는 것이 불가능하다.

이상과 같은 모든 논의에도 불구하고 진리에 대한 가장 오래된 특성화는 하나의 올바른 개념을 포함하고 있는데,

왜냐하면 이는 진리의 주장이 개념과 대상 사이의 또는 명제와 사태 사이의 동등화와 관련 있다는 통찰로부터 비롯되기 때문이다. 우리는 우리의 이전까지의 논의에 기초하여 이 개념을 정확하게 공식화할 수 있다. 실재론의 관점에서 우리 역시 대상을 개념과 동등화해야 한다. 그러나 이러한 동등화는 거짓인 명제가 아니라 오직 참된 명제에 대해서만 정확히 타당하다. 명제 a는 대상 a_i들이 그것의 개념들 a_i*와 동등화될 때 참이다. 그러면 진리의 개념은 존재의 개념과 연결되어 있다는 것이 드러난다. 명제 'a는 참이다'는 명제 '개념들 a_i*와 동등화되는 대상들 a_i가 존재한다'와 동일하다.

진리의 문제에 대한 이러한 개념들은 모리츠 슐리크에 의해 제시된 특성화와 일치한다. 슐리크에 따르면 지식은 개념들을 대상들과 동등화하는 것으로 구성되며, 진리는 단순히 다음과 같은 것을 요구한다. 개념으로부터 대상이 동등화될 때 이 동등화는 유일해야 한다. (동등화가 반대 방향으로 진행될 때에는 동등화가 유일할 필요가 없다.) 물론 우리의 논의에서도 동등화의 유일성은 본질적이다. 그렇지 않다면 동등화는 의미가 없고 임의의 대상들이 개념들 a_i*와 임의적으로 동등화될 수 있을 것이다. 그렇다면 우리가 제시한 공식화는 다음과 같이 더 정확하게 제시되어야 한다. '개념들 a_i*와 유일하게 동등화되는 대상들 a_i

가 존재한다.' 따라서 다음과 같은 공식화 '진리는 동등화의 유일성으로 구성된다'는 아래의 공식과 동등하다. '진리는 유일하게 동등화되는 대상들의 존재로 구성된다.' 우리는 후자의 공식화를 선호한다. 왜냐하면 이것은 진리의 문제와 존재의 공리 사이의 연결을 명료하게 표현하는 것을 허용하기 때문이다.

유일한 동등화 개념을 통해 진리 개념을 분석하는 것은 주로 슐리크로부터 비롯되었다. 그는 그림이라는 소박한 개념을 수학적 개념으로 변환함으로써 진리를 이와 같이 공식화하는 것을 인지했고 이것의 철학적 공식화를 제공한 인물이다. 헬름홀츠는 이미 이 개념을 발전시킨 바 있었다. "모든 자연 법칙은 특정한 측면에서 동일한 조건들 아래에서 다른 특정한 측면에서 동일한 귀결들이 늘 따라나온다고 주장한다. 우리의 감각 세계에서 지시된 사물들이 기호들에 의해서 지시되는 것처럼, 이와 동등하게 우리의 감각 영역에 있는 규칙적인 계열 또한 자연 법칙에 의해서 원인에 의해 유발되는 결과들의 계열에 대응한다." 하인리히 헤르츠 역시 역학에 대한 그의 저서 머리말에서 이러한 개념을 취하고 있다. "우리는 우리 자신을 위해 외부 대상들에 대한 상 또는 기호를 형성한다. 그리고 우리가 이들에게 부여하는 형식은 다음과 같다. 사고 속의 상들의 필연적인 귀결들은 항상 그려진 자연 속 사물들에서의 필연적 귀결들에 대한 상들이다." 이는 우리가 우리 자신을 위해 생성하는 개념적 체계가 실제로 일어나는 일들과 유일하게 동등화된다는 주장과도 같다. 헤르츠는 이미 상들의 유사성 개념을 버렸고, 이는 "상 또는 기호"에 대한 다음과 같은 그의 언급에서 잘 드러난다. "이들은 그 목적상 대상들을 추가적으로 닮을 필요가 없다." 그리고 헬름홀츠는 다음과 같이 쓰고 있다. "그러나 기호는 그것이 기호화하는 것과 일종의 유사성을 갖고 있어야 할 필요가 전혀 없다."

그러나 우리는 지금껏 제시된 진리에 대한 특성화에 만족한다고 선언할 수 없다. 우리는 이에 대한 두 가지의 반론을 가지고 있다.

첫째, 문제가 되는 특성화는 오직 지식의 궁극적인 목표와만 관계되며 그에 따라 결코 얻어질 수 없다. 예를 들어, 우리는 너무나 정확해서 완전히 대상 지구와 대응하는 지구의 개념을 결코 결정할 수 없을 것이다. 우리는 개념 속에 회전하는 타원체와 같은 일종의 공간적 형태를 하나의 특성으로서 포함해야 하지만, 우리는 이와 같은 도식화가 실제의 지구를 충분히 반영하지 못한다는 사실을 잘 안다. 우리는 지구 개념의 특성으로서 지구가 실제로 가지고 있는 공간적 형식을 제시할 수 있다고, 우리는 사물을 개념과 동등화함으로써 대상인 지구에 의해 지구의 개념을 결정할 수 있다고 답하는 것은 유효하지 않을 것이다. 이러한 과정은 단순히 지구 개념의 정의를 제시하며, 이는 동등화 정의의 의미를 갖고(10절 참조), 지구에 대한 지식에 상당하지는 않는다. 진리의 특성을 갖는 것은 정의가 아니라 지식일 뿐이며, 만약 우리가 진리에 의해 의미하는 것이 개념과 대상을 동등화하는 특성이라면, 개념은 이와 같은 동등화에 의해서 결정될 수 없고 오직 이 개념이 다른 개념들과 갖는 관계를 통해서만 결정될 수 있다. 따라서 동등화의 유일성은 이것이 정확히 지식을 구성하는 곳에서는 얻어질 수 없다.

둘째, 이와 같은 특성화는 주어진 물리적 명제의 진리가 시험될 수 있는 그 어떤 수단도 제공하지 않는다. 왜냐하면, 우리가 앞서 수립한 바 있듯, 실재하는 대상과의 동등화는 정확하게 보일 수 없는 것이기 때문이다. 과학적 명제들을 시험하는 목적을 위해 우리가 갖는 것은 지각들과 이론적 연결들이 그 전부이기 때문이다. 따라서 우리는 대상들과의 대응에 대해서는 아무것도 말하지 않는, 진리에 대한 다른 특성화를 찾아야 한다. 오직 지각들과 이론들과만 관련되며, 바로 그러한 이유로 과학에의 적용에 적합한 특성화인 것이다.

이러한 두 반론의 요점은 동일하다. 첫 번째 반론은 주어진 공식화가 오직 극한의 관점에서 진리를 특성화한다고 주장한다. 두 번째 반론은 우리의 특성화에서 우리는 지식의 획득에서 사용된 근사의 방법을 사용해야만 한다고 주장한다.

그러나 우리는 이미 (1)의 우변에서 확률 함축의 개념을 도입함으로써 이러한 근사의 방법에 대한 표현을 제시했다. 우리는 의도적으로 근사의 방법을 지나쳤는데, 인식론에서 흔히 행해지는 것처럼 (1) 속에 이상적인 극한적 사례를 도입하는 방법을 이용했다. 이 극한적 사례에서는 a_i'에 대한 완전한 특성화가 얻어지고 확률은 1과 같다. 우리는 이와 같은 극한적 사례에 대한 명제들을 공식화하는 것이 정당화될 수 없다고 믿는다. 이 명제들은 근사의 방법에 관한 명제들과 동등하게 공식화될 수 없기 때문이다. 그러나 이는 우리로 하여금 진리의 개념을 확률의 개념으로 대체하게끔 강요한다. 우리는 더 이상 명제의 진리에 대해서 엄격하게 말할 수 없으며 오직 확률의 정도에 대해서만 말할 수 있다. 정의되지 않은 기초적 개념으로서 더 광범위한 확률 개념은 이제 지식의 영역에서 진리의 개념을 대체한다. 절대적 진리란 오직 극한적인 경우이며, 이때 확률은 1과 같다. 따라서 우리는 다음과 같이 말한다. 만약 a′이 확률의 규칙들에 따라서 구성되었다면 a는 확률적이다. 우리는 규칙들 그 자체를 자명하게 주어진 것으로 간주한다.

이와 동시에 도입된 불확실성은 개념과 대상 사이의 대응 관계로 확장된다. 아마 우리는 더 이상 대응의 유일성에 대해서 말하지 않을 것이나, 대신 다음과 같이 말해야 한다. 만약 a′이 확률 법칙들에 따라서 구성되었다면 대응은 확률에 부합한다.

'높은 확률을 갖는다'는 의미에서의 개념 '올바른'을 도입하는 것이 유용하다. 이는 우리로 하여금 우리가 더 이상 진리의 특성화를 제시하는 것이 아니고 대신 올바름의 특성화를 제시하는 것이라고 말할 수 있게 한다. 올바르게 된다는 것은 확률의 규칙들에 따라 지각들과 연결되어야 한다는 것이다. 진리란 단지 올바름이 도달하고자 하는 극한적인 사례일 따름이며, 결코 이에 도달하지 못한다. 그렇다면 a′을 구성하는 데 확률의 규칙들을 따름으로써 우리는 명제가 옳은 상황 또는 개념들이 올바르게 대상들과 동등화된 상황을 얻을 수 있지만, 우리는 결코 유일성과 진리를 성취할 수 없다. 그러나 지시는 변동한다. 많은 경우 극한적인 사례는 '엄격한' 또는 '절대적 진리'라고 불리는 반면, 용어 '진리'는 그와 같은 수식어(Modifikator) 없이 오직 올바름을 의미하기 위해서 사용된다. 어떤 경우에서든 물리적 명제들의 진리에 대한 많은 주장들은 진리가 올바름으로 이해될 때에만 유지될 수 있다. 사용상의 이와 같은 불확실성에 따라, 우리 역시 이후의 절들에서 가끔씩 '올바름'을 의미하기 위해 '진리'라는 표현을 사용할 것이다.

따라서 새로운 공식화는 이전의 공식화를 하나의 극한적인 사례로서 나타낸다. 이 공식화는 동시에 덜 상징하고 더 상징한다. 이 공식화는 극한적인 사례가 전혀 존재하지 않는 경우에조차도 적용 가능하다는 의미에서 덜 주장한다. 이 공식화는 어떤 궁극적인 개념적 공식화가 존재한다고 전제할 필요가 없다. 오직 실재와 동등화될 수 있다는 것을 전제할 뿐이다. 다른 한편, 이 공식화는 이것이 근사가 수행되어야 하는 방식을 규정한다는 의미에서 더 주장한다. 근사에 대한 공식화는 극한적인 사례에 대한 공식화로부터 연역될 수 없다.

이전의 공식화와는 대조적으로, 진리에 대한 이와 같은 특성화는 개념과 대상 사이의 대응 개념을 다루지 않는다. 따라서 이것은 과학적 지식의 체계로부터 비롯되는 특성화이고 이 체계와 실재 사이의 관계에 대해서는 그 어떤 직접적인 주의도 기울이지 않는다. 일단 우리가 과학적 지식의 모든 요소가 서로에 대해서 의존한다는 것, 모든 과학적 명제들이 상호 연결되어 있다는 것을 받아들이고 나면, 우리는 이와 같은 특성화에 따라 진리는 한 체계의 특성이라고 말할 수 있다. 진리는 오직 전체로서의 체계에 적용되며, 오직 이와 같은 관점에서만 진리는 개별적인 주장들에 전이될 수 있다. 체계의 정합성으로서의 이와 같은 진리의 특성화는 주로 신칸트주의자들(코헨, 나토르프, 카시러, 구를란트)에 의해서 수행된 바 있다. 분명 이들은 확률 개념의 기초적인 위치에 대한 불충분한 주의를 기울였다. 그러나 이 개념 없이 체계는 결코 정합적이라 불릴 수 없는데, 왜냐하면 모든 관측들 사이의 정확한 일치는 결코 얻을 수 없기 때문이다. 또한 체계의 논리적 정합성으로는 진리의 특성화를 위해 충분하지 않다는 것을 잊어서는 안 된다. 지각들이 반드시 체계 안에 포함되어야 하며, 체계의 진리는 그 어떤 모순되는 지각들도 나타나지 않아야 함을 요구한다. 지각은 체계가 실재와 연결되는 지점이다. 진리란 체계 내에서의 논리적 모순으로부터의 자유만을 뜻하는 것이 아니라, 연결점들에서의 일치 또한 뜻한다. 이것이 바로 우리가 이 체계에 그것의 단순한 논리적 의미를 넘어서는 실재로서의 의미를 부여할 수 있는 이유이며 왜 우리가 이 체계를 실재에 대한 기술로서 간주할 수 있는지에 대한 이유다. 따라서 우리가 얻은 진리 개념은 또한 체계가 실재와 대응하는 것과 관련된 주장을 하는데, 비록 이 개념이 체계를 내부로부터 특성화하기는 하지만 말이다. 체계가 참이라는 것은 이에 대응하는 대상들과 사태들이 존재한다는 것 또한 의미한다.

체계 이론에서의 진리에 대한 특성화 역시 동시에 존재

에 대한 기준을 함축한다. 과학적 개념 형성의 법칙들에 부합하게끔 지각들로부터 추론된 것은 무엇이든지 존재한다. 이것은 막스 플랑크가 제시한 표제의 근저에 있는 개념이다. 측정될 수 있는 그 어떤 것도 존재한다. 왜냐하면 측정한다는 것은 과학적 개념 형성의 규칙들에 부합하게끔 이론적 계산을 수행한다는 것에 지나지 않으므로, 이 계산은 특정한 지각들(측정에 대한 관측들)과 연결된다. 분명 이는 더 협소한 개념이며, 따라서 우리는 우리의 일반적인 공식을 위해 그 역을 제시한다. 과학적 개념 구성의 법칙들에 부합하게끔 지각들로부터 연역된 것들만이 존재한다.

이상과 같은 논의에 따르면 오직 전체로서의 체계만이 참으로서 특성화될 수 있으며, 따라서 개별적 대상 또는 사태가 존재한다는 추론은 항상 전체로서의 체계에 근거하며, 우리는 개별적 대상의 존재에 대한 진술들이 전체로서의 실재의 존재의 맥락에서만 제시될 수 있다는 것을 인지해야 한다. 실재가 그것의 요소들로 어떤 방식으로 분리되는지는 주어지는 것이 아니다. 이 과정은 오직 개념적 체계에 의해서만 성취되며, 이 체계는 실재의 복합체로부터 요소들을 고립시킴으로써 요소들을 정의한다. 따라서 6절 (3)에서의 동등화는 정의를 포함한다. 우선 이 동등화는 무엇이 사태 또는 대상의 개별적인 상태로 지정되어야 하는지를 정의하고, 이와 동시에 무엇이 사태 또는 대상의 동일한 상태로 간주되어야 하는지를 정의한다. 엄밀하게 말해 우리는 결코 사태 또는 대상들의 동일한 상태와 마주하지 못한다. 왜냐하면 정확한 분석에 의해서 약간의 차이들이 꾸준하게 나타날 것이기 때문이다. 동등화 (3)은 이러한 상황에도 불구하고 어떤 경우에 우리가 사태의 동일한 상태를 말할 수 있는지 지시한다. 이것이 확률의 법칙들에 의존하기 때문에 그렇게 하는 것이 가능하다. 그렇다면 지식 속에서 우리가 수행하는 실재와 개념들 사이의 동등화는 매우 특수한 본성을 갖는다. 한편은 그 자체로 정의되는 요소들을 전혀 갖지 않는다. 이들은 대신 동등화에 의해서 정의된다.

그러나 우리는 대상에 대한 정의와 존재에 대한 정의를 구분해야만 한다. 동등화는 분명 개별적 대상이 무엇인지를 정의할 수 있지만, 이것은 무엇이 대상의 존재를 구성하는지는 정의하지 않는다. 6절에서 발전시킨 실재론적 개념에 따라, 진리에 대한 우리의 특성화는 오직 존재의 기준만을 제공하며 존재의 정의를 제공하는 것은 아니다.

제9절 물리적 사실

인식론의 문제에 대한 우리의 분석은 확률의 좀 더 일반적인 개념이 자연의 연구에서 진리의 개념을 대체한다는 것을 보여 주었다. 전자는 후자를 하나의 극한적인 사례로서 포함한다. 이는 물리적 사실들이 절대적으로 참 또는 거짓이라고 판단될 수 없고, 오직 좀 더 혹은 좀 덜 확률적이라고 말하는 것이다.

이제 우리는 이전에 제시했던 (5절에서) 사실들의 순위 매기기에 포함되어 있던 더 깊은 의의를 인지한다. 그와 같은 제시에 따르면 사실들의 질서 짓기는 확률의 정도들에 따른다. 분절된 수준이란 없으며, 대신에 사실들은 확률의 연속적인 정도들에 따라서만 질서 지워진다. 오직 영 번째 수준의 사실들만이 확률 1을 가지지만, 이들은 하나의 극한적인 사례로서만 그러할 뿐이며 객관적인 사실들을 구성하지 않고 따라서 물리적 사실들에는 포함되지 않는다. 첫 번째 수준의 사실들은 1보다는 다소 작은 확률을 가지며, 그럼에도 불구하고 이 사실들의 확률은 확실성과 거의 구분되지 않는다. 오직 더 높은 수준의 사실들에 이르러서야 비로소 확률은 눈에 띄게 1로부터의 차이를 보이며, 이 지점에서부터 가설들의 영역이 시작된다. 탐구의 목표는 낮은 수준의 사실들에 적용되는 새로운 이론적 연결들을 발견함으로써 최대한 가설들의 확률을 증가시키는 것이다. 낮은 수준의 사실들로부터 확률의 증가를 추론하는 것이 가능하다.

물리학에서의 연구는 오직 높은 수준의 사실들만을 다룬다. 일상생활은 낮은 수준의 사실들과 관련하여 우리에게 매우 분명하게 가르쳐 주기 때문에 우리는 지각으로부터 사실로의 전이를 더 이상 눈치채지 않고 이를 자동적으로 수행한다. 따라서 물리학자는 그 자신이 항상 지각들이 아닌 사실들만을 다룬다고 믿는다. 그는 복잡한 실재를 낮은 수준의 사실들로 환원하는 것에 만족한다. 예를 들어 출판물에서 물리학자는 여전히 그의 지각적 경험들을 기술하는 것 없이 전류의 세기와 온도에 대해서 기술할 수 있다. 이러한 사실들로의 전이에 사용되는 추론의 확률은 모든 실용적인 목적들을 위해서 1로 설정될 것이다.

동일한 이유에서 확률 추론은 일반적으로 지각들 사이에서 수행되는 것이 아니라 객관적인 사실들 사이에서 수행된다. 예를 들어 우리는 일련의 측정들을 수행하여 이들을 하나의 좌표계 속 점들로서 기입하고, 이 점들을 통과하는 가장 단순한 곡선을 그린다. 측정 자료들은 낮은 수준의 사실들로서, 이들 자체는 지각들로부터 매우 높은 정도의 확률로 추론된다. 이 사실들은 실용적인 모든 목적을 위해서는 확실하다고 간주될 수 있다. 이제 지각들 사이의 확률 관계는 이에 대응하는 측정 자료 사이의 확률 관계로 대체된다. 이 사례는 물리학에서 사용되는 확률 추론의 바로 그 원형을 나타낸다. 관측된 사실들로부터 아직 관측되지 않은 사실들로 확률적 추론이 이루어지는 것이다. 측정 점들을 통과하는 연속적 곡선을 그릴 때 우리는 점들뿐만 아니라 두 점 사이의 간격에 대해서도 만약 적절한 측정 조건들이 수립되었을 경우 측정을 통해 객관적인 관계가 드러날 것이라고 주장하고 있는 것이다.

이제 우리는 이론, 가설, 실험 개념의 의의 역시 파악할 수 있다. 실험은 낮은 수준의 사실들을 드러내는데, 이 사실들은 또한 이론들의 도움을 받아 지각들로부터 추론된다. 그러나 이 사실들은 우리의 실용적인 목적들을 위해서 충분한 확실성을 갖는 '실험적 사실'에 대해서 말할 수 있을 정도로 높은 정도의 확률을 갖고 있다. 낮은 수준의 사실들이 갖는 높은 정도의 확실성은 이 사실들이 이론에서의 광범위한 변경을 맞이해서도 상대적으로 불변한다는 사실로부터 비롯된다. 우리는 실험을 통해 새로운 스펙트럼 계열의 겉보기를 배운다. 심지어 이와 같은 '실험적 사실'은 프리즘의 분산 법칙, 격자에 의한 회절 이론과 같은 특정한 이론적 전제들을 포함한다. 만약 '관측된 사실적 상태'가 물질의 구조에 대한 개념들을 변경하는 데 사용된다면, 궁극적으로 분산 이론 또는 회절 이론 또한 교정되어야만 한다. 왜냐하면 이 이론에서 물질과 빛 사이의 상호작용은 본질적인 역할을 담당하고 있기 때문이다. 엄밀하게 말하자면, '관측된 사실적 사태'는 그 귀결로 변화해야 한다. 그러나 개념적인 관점에서 이론에서의 매우 광범위한 변화일 수 있는 것이 분광기 속의 발생에서는 오직 미미한 변화만을 일으키므로, 분광기 내에서 관측되는 밝은 줄들에 대한 새로운 해석을 제공할 필요가 없을 정도다. 또 다른 예를 들면, 천문학적 측정에 의한 아인슈타인 중력 이론에 대한 입증은 (태양 근처에서의 빛의 휘어짐을 통해) 중력에 대한 뉴턴의 이론(태양의 질량을 포함한)의 도움 없이는 이루어지지 않았을, 망원경 관측 결과를 토대로 이루어졌다. 그러나 이는 그 어떤 내적 비일관성도 포함하지 않는다. 왜냐하면 아인슈타인의 이론에 부합하게 망원경 관측 값을 해석하는 것은 이러한 개별적인 관측 자료에 그 어떤 주목할 만한 양적 차이를 만들어내지 않을 것이기 때문이다. 따라서 **확률의 정도에 따른 사실들의 수준**만이 실험으로 하여금 이론을 시험할 수 있게 한다. 그와 같은 수준(순위, 위계질서)은 **근사의 과정**의 기초가 되며, 그와 같은 과정이 없다면 모든 실천적 목적을 위한 과학적 연구가 불가능해질 것이다.

여기에 포함된 전이는 점진적이다. 만약 사태의 상태를

해석하는 데 덜 견고하게 수립된 이론들이 사용될 경우, 우리는 가설에 대해서 말한다. 이에 대한 예는 은하수의 근처로부터 지구로 오는 것으로 생각되는 관통 복사다. 현재 우리가 사용할 수 있는 관측들은 이 복사에 관한 추론을 확실한 정도로 지시하지 않아서 이를 실험적 사실이라고 말할 수 없다. 그러나 이것의 존재를 수립하는 방식은 예를 들어 라듐으로부터 발생하는 복사의 존재를 수립하는 방식과 근본적으로 다르지 않다. 실험적 사실과 가설 사이의 차이는 오직 점진적일 뿐이다. 가설과 이론 사이의 차이 역시 유동적인데, 가설은 하나의 개별적 주장으로서 더욱더 이해되고, 이론은 다수의 개별적인 주장들을 하나의 체계 안으로 조합하는 것으로 이해된다. 따라서 우리는 원자 이론에 대해서 이야기한다. 이 이론은 원자들의 존재에 대한 주장과 연관된 모든 관계들을 의미한다. 그러나 우리는 원자 자체의 존재를 하나의 가설이라고 부른다. 분명 이 사례에서의 가설은 이미 아주 높은 정도의 확실성을 얻어서 이 가설은 하나의 실험적 사실이라고 부를 수 있다.

물리적 지식의 이론적 구성은 두 개의 서로 다른 방향을 취할 수 있다. 첫 번째 접근법은 낮은 수준의 사실들로부터 출발하여 높은 수준의 사실들에게로 나아가며, 사실들을 그것들의 순위에 따라서 배열함으로써 개별적 주장들의 확실성의 정도를 보여 준다. 이러한 귀납적 방법은 인식론적 구성과 대응되는데, 이 구성은 좀 더 확실한 것에서 좀 덜 확실한 것으로 나아간다. 두 번째 접근법인 연역적 방법은 높은 수준의 사실을 가장 높은 곳에 두고 이로부터 낮은 수준의 사실들을 연역한다. 이는 특정한 상황에서는 직접적으로 시험될 수 있는 낮은 수준의 새로운 사실들로 이끌 수 있다. 연역적 이론의 예로 맥스웰의 전기 이론과 해밀턴의 원리에 기초한 역학 이론을 들 수 있다. 실험 물리학의 교과서들은 대개 귀납적으로 진행한다. 역사적으로 과학의 방법론은 이러한 두 방향 사이에서의 상호작용이었다. 많은 경우 알려진 것들로부터 알려지지 않은 것이 추론되었지만, 때때로 직관적인 근거들에 의해 더 높은 수준의 원리가 정점에 놓이고 이 원리로부터 낮은 수준의 새로운 사실들이 도출된다. 이러한 사실들에 대한 직접적인 실험적 시험들에 의해서 더 기초적인 원리는 입증될 수 있다.

제10절 물리적 정의

자연과학에서 수행되는, 개념들을 대상들과 동등화하는 것은 항상 지식을 제공하는 것은 아니다. 일반적으로 어떤 개념이 동등화되어야 하는지의 문제는 연구의 결과로서 수립되는 반면, 개별적인 사례들에서의 동등화는 임의적인 규정으로 구성될 수 있다. 이와 같은 사례들이 물리적인 정의를 구성한다. 이들을 구별하는 표지는, 개념들의 정의에서 이루어지는 것처럼 하나의 개념을 다른 개념들의 특수한 조합들과 동등화하는 것 대신에, 이들은 하나의 개념을 **존재하는 대상**과 동등화한다. 이와 같은 동등화의 종결점은 오직 지시적으로만 주어질 수 있다. '저기에 있는 사물'은 그와 같은 개념에 대응한다. 대상과 개념 사이의 동등화가 이러한 유형의 정의가 갖는 독특함이므로, 우리는 이를 **동등화의 정의**라고 부를 것이다. 이는 또한 많은 경우 **실질적 정의**라고 알려져 있다.

그와 같은 동등화 정의들의 필요성은 특히나 측정이 포함된 그 어디에서도 명백하다. 선형적 측정 단위로서의 미터는 개념들에 의해서 정의되는 것이 아니라 파리에 보관되어 있는 미터원기를 지칭함으로써 정의된다. 지구 둘레에 의한 이전의 미터 정의 역시 동일한 종류의 것이다.

유일한 차이는 중재하는 개념들의 계열이다. 지구의 둘레는 단위의 개념과 직접적으로 대응하지 않고 이 개념에 대한 논리적 함수 즉 '4천만 개의 단위들'과 대응한다. 이와 같은 중재의 절차는 매우 빈번하게 사용된다.

만약 우리가 우리의 뜻대로 할 수 있는 유사한 대상들의 집합을 갖고 있다면, 집합에 있는 각각의 요소는 정의의 목적을 위해서 사용될 수 있다. 예를 들어, 선형 단위는 붉은 카드뮴선의 파장에 의해서 정의될 수 있을 것이다. 모든 카드뮴 원자들의 유사성이 이 목적을 위해서 사용되며, 특정한 장소에 특정한 단위를 보관해야 할 필요가 없다. 이러한 예에서 동등화 정의는 단순화되는데, 특정한 사실들이 이를 허용하기 때문이다. 왜냐하면 문제의 대상들이 유사하다는 사실은 당연히 정의에 의해 수립되는 것이 아니라 반드시 발견되어야만 하는 사실이기 때문이다.

동등화 정의들은 물리학 연구의 많은 지점들에서 사용된다. 이 정의들을 동등화의 정의들로서 식별해 내고 이들을 사실에 대한 주장들과 구분하는 것이 항상 쉽지는 않다. 그리고 몇몇 잘 알려진 과학적 논쟁들은 정의가 속하는 것에서 경험적 지식을 찾으려는 것으로부터 비롯된다. 가장 주목할 만한 것은 상대성 이론의 의의가 이 이론의 특정 지점들에서는 정의들이 필수적이라는 것을 보여주었다는 데 있다는 것이다. 예전까지 과학자들은 정의들을 찾은 것이 아니라 사실들을 찾았다. 이에 관한 예가 서로 떨어져 있는 공간적 선분들 및 동시성의 합동이다. 우리는 정의들과 사실들을 다루는 데에서 특정한 자유를 갖는다. 하나의 장소에서 하나의 정의가 주어진 이후에야 비로소 또 다른 주장이 사실에 대한 주장이 된다. 역으로, 두 번째 주장이 하나의 정의로 간주될 수 있으며, 이 경우 첫 번째 주장을 사실에 대한 주장으로 만든다. 정의와 사실 사이의 분리라는 관점으로부터 물리학을 일반적이고 체계적으로 연구하는 일은 아직까지 수행되지 않았다. 따라서 여전히 물리학의 기초에는 다수의 모호함이 남아 있다.

제11절 단순성의 기준

우리는 하나의 실험적 발견에 대하여 가능한 설명들 중 하나를 선택할 때, 이들을 사태의 실제 상태와 비교하는 방법을 통해서는 이와 같은 선택을 할 수 없다는 것을 발견했다. 왜냐하면 이러한 선택은 오직 이론들을 통해서 추론될 수 있기 때문이다. 따라서 선택은 오직 이론들에 대한 내적 비교에 의해서만 이루어진다. 우리는 확률이 이와 같은 비교가 이루어지는 기준임을 선언했다. 이와 같은 주장은 좀 더 상세하게 제시되어야 하는데, 왜냐하면 대개 이와 연관하여 이와 다른 기준이 사용되기 때문이다. 그것은 바로 이론의 **단순성**이다.

사실상 물리적 이론의 구성에서 단순성의 기준이 주요한 역할을 해 왔다는 것을 인정해야만 한다. 물리학자들은 거듭해서 특정한 이론을 선호해 왔는데, 그 이유는 해당 이론이 관측된 현상에 대한 더 단순한 설명을 제공해 주었기 때문이다. 그리고 철학적 연구는 단순성이 자연의 기술에 결정적인 역할을 했음을 보장한다. 키르히호프의 유명한 말을 인용하자면, 역학의 임무는 "자연 속 운동들을 가능한 한 완전하고 단순한 방식으로 기술하는 것"이다. 역학으로부터 물리학 전체로 확장될 수 있는 이와 같은 목표는 단순성에 더해 다른 조건들도 포함하고 있다. 키르히호프의 언급은 분명 진리의 기준으로서 의도된 것이다. 왜냐하면 그와 같은 어떤 목표에서도 진리의 개념은 분명 반드시 포함되어야 하고, 그의 공식에서 이를 표현할 수 있는 다른 요소는 없기 때문이다. 키르히호프는 아마도 더 적절하게 임무를 완전하고 참되게 기술하는 것이라고 공식화할 수 있었을 것이다. 그가 '참되게'라는 자리에 '가장 단순한 방식으로'라는 표현을 추가한 것은 그가 동시에 진리에 대한 특성화를 제시하려 한 것임을 의미할 수 있다. 진리는 여기서 단순성과 동일한 방식으로 취급된다. 키르히호프의 공식화에 대한 이와 같은 해석은 앞서 제시한 인용문을 뒤따르는 내용에 의해서 입증되는데, 여기서 키르히호프는 어떻게 과학의 점진적인 진화 과정에서만 가장 단순한 기술이 확정될 수 있는지를 논한다. 진리에 대한 이와 같은 특성화에서 한 걸음 더 나아가면 진리 개념의 포기에 다다르게 된다. 사실상 키르히호프의 자주 인용되는 공식화는 많은 경우 실제로는 이 공식화가 자연과학에는 진리가 없으며 진리는 가장 단순한 기술로 대체되어야 함을 말하고 있는 것이라고 해석되었다. 마흐는 이와 같은 방향에서 더 커다란 영향을 미쳤다. 그는 과학적 연구에서의 경제의 원리를 제안했고 자연에 대한 참된 기술은 존재하지 않으며 오직 가장 경제적인 기술만이 존재한다고 가르쳤다.

그러나 실용적 이론이라고도 알려져 있는 이와 같은 진리 이론은 더 깊은 비판을 견디지 못한다. 왜냐하면 이 이론은 단순성의 개념 속에 수렴되어 있는 두 개의 의미에 대한 혼동에 기초해 있기 때문이다.

단순성 개념의 첫 번째 의미는 진리 개념과 연결을 갖고 있지 않다. 사태의 단일하고 동일한 상태에 대한 몇몇의 동등한 기술들이 주어질 수 있는 많은 사례들이 있다. 이러한 기술들 중 하나는 가장 단순할 것이지만, 그렇다고 그 기술이 다른 기술들에 비해서 더 참인 것은 아니다. 예를 들어 역학을 표현하는 데 좌표보다는 벡터를 이용하는 것이 더 단순하지만 그렇다고 벡터 표현이 더 참이지는 않다. 또 다른 예로, 하나의 계량 체계는 하나의 측정을 다른 측정으로 변환하는 요소가 1과 같지 않은 체계에 비해서 더 단순하지만, 그러나 이 체계가 측정의 '참된' 체계인 것은 아니다. 분명 물리학은 각각의 사례에서 가장 단순한 표현을 선택할 것이지만, 이는 그것의 진리성에 대해서는 그 어떤 주장도 하지 않으며 오직 경제성의 동기로부터만 진정으로 작동하는 것이다. 이때의 목적은 물리학자들로 하여금 불필요한 노력을 하지 않게끔 하는 것이다. 이 단순성은 오직 기술의 특성일 뿐 사태들의 상태에 대해서는 말하는 바가 없다. 따라서 우리는 이를 **기술적 단순성**이라고 부를 것이다.

그러나 단순성 개념의 두 번째 의미는 진리 개념과 명시적인 연결을 갖고 있다. 예를 들어 이전의 사례를 사용하자면, 우리는 측정들의 계열을 결합할 때 가장 단순한 곡선을 선택한다. 그리고 그렇게 함으로써 우리는 실재와 관련된 중요한 주장을 하는 것인데, 이 주장이란 미래의 측정들이 다른 복잡한 곡선들이 아닌 이 단순한 곡선을 따를 것이라는 주장이다. 복잡한 곡선들은 측정값들에서는 동일하지만 측정값들 사이에서는 앞뒤로 왔다 갔다 하는 등의 복잡한 형태를 보인다. 따라서 가장 단순한 기술에 주어지는 선호는 진리 주장과 관련된다. 이 주장은 하나의 확률 원리에 기초해 있는데, 이 원리는 가장 단순한 기술이 가장 높은 확률을 가진 것으로 보인다는 것이다. 확률의 원리들은 다양한 형태로 나타날 수 있지만 이들은 항상 논리적으로는 정당화될 수 없고 우리가 그것으로부터 우리를 자유롭게 할 수 없는 특정한 증거에 의해서 특성화된다. 따라서 다양한 측정들의 산술적 평균을 선택하는 것은 우리에게는 가장 단순한 가정이라고 여겨지며, 이 또한 확률 가정이다. 단순성 개념의 특별한 의의는 확률 이론의 맥락에서 더 자세한 탐구를 할 필요가 있다. 그러나 현재의 논의에서조차도 우리는 이와 같은 방식으로 가장 단순한 기술을 선호하는 것이 하나의 확률 가정으로서 해석되어야 하며 따라서 우리가 제시했던 진리 기준의 적용임을 수립할 수 있다. 귀납적 추론의 단순성이 포함되어 있는 까닭에, 우리는 이를 **귀납적 단순성**이라 부른다.

단순성 개념의 두 의미에 대한 혼동이 진리에 대한 실용적 이론의 원천이다. 단순성의 속성이 갖는 순수한 경제적인 특성은 첫 번째 의미로부터 취해지고, 진리 기준으로서 이것이 갖는 의의는 두 번째 의미로부터 취해진다. 그리고 이 두 특성은 탐구의 진리라는 것은 존재하지 않고 오직 탐구의 경제성만이 존재한다는 주장으로 결합된다. 이러한 혼동은 물리학에서의 많은 잘못된 해석들이 일어나게끔 했다. 이러한 잘못된 해석들은 각각의 사례들에 관련되는 단순성이 다양한 단순성 중에 어떤 것인지를 상세하게 탐구함으로써 바로잡을 수 있다. 따라서 프톨레마이오스 체계와 반대되는 코페르니쿠스 체계의 단순성은 순수하게 기술적인 본성을 가지며, 이는 아인슈타인 이래로 우리에게 알려져 있다. 따라서 상대론적 관점에 대항하기 위해서 코페르니쿠스적 기술이 갖는 단순성을 도입하는 것은 논점을 상실한 것이다. 일반적으로 상대성 이론은 기술적 단순성에 관련된 다수의 사례들을 제공해 주며, 이 이론의 의의는 많은 부분에서 우주를 기술하는 특정한 방식이 갖는 단순성이 순수하게 기술적인 특성을 갖는다는 것을 보인 것에 있다. 다른 한편, 귀납적 단순성의 사례는 스펙트럼 계열들을 설명하기 위한 보어의 접근법에서 찾을 수 있다. 보어의 접근법은 이전 이론들보다 경제적일 뿐만 아니라 사태의 서로 다른 상태가 존재함마저도 주장한다. 귀납적 단순성과 관련하여 서로 다른 두 이론 중 오직 하나만이 참일 수 있다.

따라서 기술적 단순성과 귀납적 단순성 사이의 차이는 정의와 사실 사이의 차이와 관련되어 있다. 정의들을 능숙하게 선택함으로써 기술적 단순성을 얻을 수는 있겠지만 더 참된 기술을 얻을 수는 없다. 이와 대조적으로 사실들이어야 한다고 주장되는 명제들의 선택은 오직 귀납적 단순성에 의해서만 수행될 수 있다. 단순성의 속성의 이와 같은 두 형식 사이의 차이는 물리학에서 충분히 명료하게 표현되지 않는다. 물리적 지식의 이러한 명료화는 일반적으로 정의와 사실의 분리 작업이 수행되는 경우에야 비로소 이루어질 수 있다.

제12절 물리적 지식의 목표

앞서 제시된 고찰들에 따라서 우리는 물리학의 목표를 실재에 대한 참인 명제들을 얻는 것으로 나타낼 수 있을 것이다. 그러나 이 진술은 이 목표를 구체화하는 데 완전히 충분한 것은 아니다. 이것은 물리적 연구의 경향에 대한 좀 더 정확한 특성화를 결여하고 있다. 예를 들어 우리는 이에 더해 과학이 최대한 많은 수의 참된 주장들을 얻는 것을 목표로 한다고 할 수 있을 것이다. 그리고 심지어 그보다 더 정확한 특성화가 필요한 상황이다.

설혹 물리학이 지식의 보급에 큰 관심을 갖고 있다고 하더라도, 단순히 명제들을 축적하는 것이 물리학의 목표는 아니다. 그보다 우리는 지식의 폭과 깊이를 구분하고, 더 깊이 있는 지식에 더 큰 가치를 부여한다. 우리가 깊이로 무엇을 의미하는지를 말하는 것은 어렵지 않다. 우리는 다수의 명제들을 하나의 단일한 명제로 결합하는 것, 단일한 법칙에 의해 일련의 현상을 설명하는 것을 의미한다. 예를 들어 뉴턴의 중력 법칙은 그의 시대에서 지식의 확장을 구성하지는 않았다. 자유낙하하는 물체들의 법칙들은 갈릴레오에 의해 수립되었고, 행성 운동의 법칙들은 케플러에 의해 수립되었다. 그러나 뉴턴의 법칙은 지식에서의 일보 진전을 상징했는데, 그것은 이 법칙이 다양한 법칙들을 단일한 법칙으로 결합했기 때문이다. 이것이 지식의 깊이에 대한 전형적인 사례다. 물론 뉴턴의 법칙은 하나의 새로운 참인 명제에 의해서 우리 지식의 총합 또한 증가시키지만, 이 명제에 특별한 가치를 부여하는 것은 이 명제의 깊이다.

탐구의 이러한 방향이 우리가 **설명**이라고 부르는 것이다. 지식의 폭에 추가되는 하나의 새로운 사실은 **설명**하는 것이 아니라 설명을 **필요로** 한다. 즉 우리는 이 사실이 체계 속에 통합되기를 바란다. 여기에 진리를 향한 단순한 탐구 그 이상의 것이 있다. 하나의 체계를 구성하려는 동일한 경향이 물리학의 다양한 분과들을 물리학이라는 하나의 과학으로 통합하려는 것에서 나타난다. 이와 같은 경향을 막스 플랑크가 자신의 강연에서 기술한 바 있다. '세계에 대한 물리적 관점의 통합성.' 이 통합은 설명의 증가를 상징하며 깊이의 방향에서 지식의 진보적 발걸음이라 할 수 있다.

여기서 주도하고 있는 경향은 수학에서의 예에 의해서 명료화될 수 있는데, 수학에서도 우리는 깊이를 위한 탐구를 찾는다. 이는 **공리학**이라 불린다. 공리들을 찾는 것은 많은 수학적 명제들을 소수의 일반적인 명제들로 결합할 수 있는 참된 명제들의 체계를 찾는 것이다. 이 소수의 명제들로부터 모든 나머지 명제들이 논리적으로 연역될 수 있다. 여기서 **최소 원리**가 작동한다. 공리화는 전제들의 수를 최소로 환원하는 것을 의미한다. 물론 정확히 하나의 전제가 체계의 나머지에 대한 연역을 위해 충분해야 한다고 말하는 것은 불가능하다. 일반적으로 이러한 일은 일어나지 않을 것이며, 우리가 할 수 있는 최선은 최소의 명제들을 찾는 것이다. 우리는 최소를 수립하는 것이 논리적 가치를 갖는다고 간주한다.

상황은 물리학에서도 거의 동일하다. 물리적 설명은 공리학에서의 탐구와 동일한 방향을 따르며, 물리학에서의 가장 일반적인 법칙들은 물리학의 공리들이며 나머지 모든 것들은 공리들로부터 도출된다. 만약 한 물리학자가 때때로 공리화가 **비물리적**이라고 느낀다면, 그는 물리적 연구에서의 깊이라는 원리를 이해하는 것이 실패한 것을 보여 준다. 이 원리는 전적으로 공리들을 향해 있다. 뉴턴의 법칙, 역학의 원리들, 열역학의 근본 법칙들, 보어의 진동수 결정 및 그의 대응 원리는 모두 공리들이다. 물리적 공리들이 실재에 적용되는 주장을 한다는 사실은 별도로 할 경우, 수학적 공리학과 물리적 공리학 사이의 차이는 피상적이다. 수학적 공리화는 그것의 추론에서의 최대한의 우아함 및 그것의 논리적 연결들을 적절하게 구성하는데 관련되는 반면, 물리학은 그것의 공리들의 체계가 경험에 대하여 오직 중간적(잠정적)인 특성만을 갖는다는 것을 알고 있으므로, 많은 경우에 연결에 대한 근사적인 탐구에 만족한다. 물론 물리 과학의 더 발전된 상태에서 이와 같은 공리들의 잠정적인 체계는 더 이상 충분하지 못할 것이다. 그러면 물리학의 관심은 그 연역적 체계의 정확성을 증진하는 데 있게 될 것이다. 따라서 공리적 구성은 수학에서만큼이나 물리학에서도 궁극적인 목표다. 좀 더 발전된 공리적 구성의 사례들은 열역학, 역학, 고전 전자기학, 상대성 이론에서 찾을 수 있다. 다른 한편, 양자 이론은 여전히 과도기적 상태에 있는데, 마침내 하이젠베르크 및 슈뢰딩거의 양자역학에 의해서 활로를 열게 되었다 (24절 참고).

물리적 공리화의 부담은 물리학이 그것의 추론 방법론의 논리적인 미세 구조에 대한 개별적인 탐구를 할 필요 없이 이것을 수학적 공리화로부터 채용할 수 있다는 사실에 의해서 상당 부분 감경된다. 따라서 이러한 공리들을 추론의 수학적 양상들의 적용 가능성을 주장하는 단일한 공리로 결합하여 이 공리를 물리적 공리들 곁에 둘 수 있다. 대개 이와 같은 과정이 공리의 형태로 명시적으로 표현되지 않은 채 전제된다.

공리화에서 작용하는 최소 원리는 진리의 원리와는 나란한 위치를 차지한다. 물리적 연구의 목표는 이 두 원리가 함께 놓이기 전까지는 결정되지 않는다. 우리는 최소한의 개념들을 갖고 있는 참된 명제들을 찾는다. 여기서 그 표현을 찾는 그러한 체계를 향한 경향성은 항상 철학의 특별한 관심사였는데, 이는 특히 신칸트주의 학파에 의해서 강조되었다. 신칸트주의 학파가 진리의 개념이 그것의 체계로의 통합에 의해서 완전히 설명될 수 있다고 본 반면, 모리츠 슐리크는 이러한 두 개념들 사이의 독립성을 아주 명료하게 제시했다. 이제 우리는 이 문제를 아주 자세히 탐구해야 한다. 만약 동등화의 유일성에 의해서 특성화된다면 진리의 개념은 의심할 나위 없이 독립적이지만, 만약 우리가 우리의 확률 이론을 진리의 기초로 삼을 경우에 상황은 변한다.

이제 우리는 수학에서 하나의 공리 체계에서 또 다른 더 깊은 체계로 전이하는 것을 검토해 보자. 우리는 세 가지 형식의 전이를 구분할 수 있다. 첫째, 두 번째 공리 체계는 첫 번째 공리 체계와 동등하다. 즉 각각의 공리 체계가 다른 체계로부터 도출될 수 있다. 이러한 경우에 두 체계는 동일한 명제적 영역을 갖는다. 둘째, 두 번째 체계는 첫 번째 체계보다 더 큰 영역을 가질 수 있다. 이 경우, 첫 번째 체계의 명제적 영역은 두 번째 체계의 영역 안에 하나의 부분 집합으로서 포함되어 있다. 마지막으로 세 번째 상황 역시 가능하다. 두 번째 체계는 첫 번째 체계보다 더 일반적이고 첫 번째 체계를 하나의 특수한 사례로서 포함할 것이다. 이 상황은 둘째 경우와는 반드시 구분되어야 한다. 여기서 첫 번째 체계의 명제적 영역은 두 번째 체계의 명제적 영역에 전혀 포함되어 있지 않으며, 오직 새로운 '특별한' 공리들의 추가를 통해서 두 번째 영역으로부터 도출된다. 이 경우는 수학에서 심오한 의의를 갖는다. 그와 같은 공리들의 완전한 순서 계열의 한 예로서, 보편적인 것으로부터 개별적인 것으로 진행하는 것을 보여 주는 것은, 위상학으로부터 사영 기하학을 경유하여 계량 기하학을 구성하는 것이다. 공리들의 특수한 체계로부터 보편적인 체계로 전이하는 과정에서 문제가 되는 공리들의 집합은 다른 집합에 비교할 때 하나의 특별한 사례로서 인지된다. 여기서 지식의 발전은 전이적 과정에 의거한다.

공리학의 이와 같은 특별한 형식은 물리학을 위해서 중요하다. 왜냐하면 물리적 지식의 진보는 더 일반적인 법칙들을 수립하는 것에, 이전의 법칙을 하나의 특수한 사례로 만드는 데 있기 때문이다. 깊이의 방향으로의 진보에 대한 우리의 초기 사례를 살펴보자면, 중력에 대한 뉴턴의 법칙은 낙하 물체들에 대한 갈릴레오의 그 이전 법칙을 오직 특별한 사례라는 의미로서만 포함한다. 갈릴레오 법칙에서의 상수 $g = 981$은 뉴턴의 법칙에서는 하나의 변수로서 나타나며, 특별한 보충 조건들(대략 말해, 지구 표면의 작은 영역으로 제한할 경우)이 주어질 경우 뉴턴의 보편 법칙은 이 변수를 정확히 981과 동일하게 만드는 효과를 갖는다. 보어의 양자 원리는 고전 전자 동역학에 대해 이와 같은 관계를 가질 것이다. 만약 그 두 개가 모순 없이 결합될 수 있다고 한다면 말이다. 고전 전자 동역학은 큰 양자수에 해당하는 특별한 경우에 해당할 것이다. 이 과정은 정확히 용어 '설명하다'의 의미를 보여 준다. 설명한다는 것은 하나의 사태를 더 일반적인 사태들 속의 한 특수한 사례로서 통합하는 것이다. 우리는 이 절차의 근본적인 의의에 대한 인식을 주로 에른스트 카시러에게서 빚지고 있다.

그러나 공리적 구성의 이와 같은 종류는 수학에서는 적용되지 않는, 물리학을 위한 추가적인 의의를 갖는다. 왜냐하면 좀 더 일반적인 체계로의 전이는 정확도의 예리해짐을 도출하기 때문이다. 공리들의 특수한 체계를 수중의 사태와 동등화하는 것은 정확도가 부족한데, 왜냐하면 특수화하는 보충적 공리들이 엄격하게 수행되지 않기 때문이다. 그와 같은 보충적인 공리들에 의해 공리들의 일반적인 체계를 도입하는 것은 사태를 더 공정하게 평가하며, 이는 타당성의 정확한 정도에서의 개선을 상징한다. 따라서 공리적 원리의 도입은 그것이 개별적인 것에서 일반적인 것으로 향하는 때에는 언제나 진리를 향한 진보와 연결된다. 그러한 경우에만 진정한 의미에서의 물리적 진보가 일어나는 것이다. 이와 비교한다면 나머지 두 종류의 공리적 환원은 단지 종속적인 역할을 할 뿐이다. 두 번째 종류의 환원은 일어나기는 하지만 드물게 일어나고, 첫 번째 종류의 환원은 이보다는 더 자주 일어나지만, 둘 다 단지 형식적 진보를 나타낼 뿐이다.

이러한 구분은 우리에게 최소 원리의 의미에 대한 결정적인 통찰을 제공해 준다. 여기서 한 번 더 우리는 경제의 원리로서 간주될 수 있는 원리와 마주하게 된다. 그러나 여기서 우리는 또한 이것이 하나의 잘못된 해석을 포함하고 있음을 발견한다. 동일한 정도의 일반성을 가진 공리 체계들만이 그 자신의 기술적 단순성에 의해 다른 체계와 구분되며, 따라서 사고의 경제와 부합된다. 그러나 그와 같은 체계들은 물리학에서 그 어떤 본질적인 역할을 하지 않으며, 주로 물리학자들이 수학적 우아함을 위해 서로 경쟁하는 경기장으로서의 역할을 한다. 이와 같은 본성을 가진 형식적 진보는 지식의 증가에서 오직 2차적인 역할을 담당할 수 있다. 예를 들어 이 진보가 지식 체계를 논리적으로 좀 더 이해 가능하게 만든다거나 풍부한 결과를 이끌어 내는 수학적 방법론을 알려 주는 경우에 그러하다. 예를 들어 민코프스키에 의해 상대성 이론에 4차원 기하학이 도입된 것이 바로 그와 같은 진보였다. 그러나 일반적으로 최소 원리는 우리의 지식 상태를 단순화하는 것에서 효과적일 뿐만 아니라 진리를 좀 더 정확하게 공식화하여 귀납적 단순성에 따라서 전이하는 데에서도 더 효과적이다. 모든 지식의 확률적 본성은 깊이에서의 연구를 통해 표면적인 수준에서 더 큰 정확도가 귀결되게 만들며, 궁극적으로 6절의 공식 (1)의 우변에 있는 함축들 속에 있는 대응을 더 좋은 것으로 만든다. 가장 엄격하고 가능한 진리를 향한 물리학의 동인은 이와 동시에 물리학을 공리화와 체계화로 이끈다.

분명 우리는 이로부터 지식에서의 일반성을 추구하는 것이 오직 진리에서의 동시적 증가로부터만 그것의 가치를 도출한다고 결론 내릴 수 없다. 이 원리는 그 자신의 논리적 가치 역시도 갖고 있으며, 일반 법칙으로의 통합에 훨씬 더 큰 관심을 갖는 반면 이와 연관된 정확도 개선에는 비교적 덜한 관심을 갖는 사례들이 존재한다. 개별적인 것을 좀 더 일반적인 것으로 통합함으로써 개별적인 것을 이해하는 과정은 인간의 이성이 이해를 증진하는 바로 그 방법이다. 이는 유한한 수의 지각을 토대로 인간 사고의 유한한 범위에서 복잡한 실재에 대한 지식 얻기라는 겉보기에 불가능한 임무를 가능하게 하는 유일한 형식이다. 그러나 이 과정이 동시에 진리를 드높이는 결과를 초래한다는 것은 이 과정의 원래 의도를 넘어 확장하는 것의 다산성을 나타내며, 지식을 향한 의지의 논리적으로 구분되는 두 개의 접근법을 사실상 결합하는 것을 보여 준다. 따라서 이상적이고 완벽한 세계상으로부터 시작하기보다는 학습의 과정으로부터 비롯되는 지식의 확률 이론은, 우리에게 물리적 탐구에 의해 추구되는 서로 다른 접근법들 사이의 관계를 이해할 수 있도록 가르쳐 준다. 과학을 하나의 체계로 만들려는 구성적 발전 속에서 두 경향은 항상 하나가 다른 하나를 지지하는 방식으로 결합한다. 가능한 가장 일반적인 진리를 향한 추구는 가능한 가장 정확한 진리를 향한 추구와 서로 협력하는 것이다.

제2부
물리학의 개별 원리들 속 경험주의와 이론

제13절 선험성의 문제

과학적 지식에 대한 우리의 탐구는 전문적인 과학자가 일반적으로 영향을 받는다고 가정하는 것보다 훨씬 더 이론적 사고의 많은 영역을 인정해 왔다. 심지어 가장 기초적인 물리적 사실도 이론적 사고를 포함하고 있다. 이처럼 일련의 의식적인 전제들이 과학에 도입되며 철학, 특히 칸트 이후의 철학은 이러한 전제들을 식별해 내는 것을 자신의 핵심적인 임무로서 간주해 왔다.

우리는 이미 확률의 원리가 이러한 전제들 중 가장 중요한 것이라고 선언한 바 있다. 철학에 의해 제시된 다른 원리들로 시간과 공간, 인과성의 원리, 물질 보존의 원리가 있다. 물론 논리 역시 포함되어야 한다. 왜냐하면 과학적 사고는 논리학의 법칙들이 옳다고 가정하기 때문이다. 이제 우리는 이러한 원리들에 대한 좀 더 정확한 논의로 들어가야 한다. 그러나 개별적인 원리들을 탐구하기 전에 우리는 모든 원리들에 공통되는 일반적인 주제를 살펴볼 것이다. 이것은 선험성의 문제이며, 이는 원리들의 인식론적 전제들과 관련하여 드러난다.

우선 우리는 문제들의 복합체로부터 논리를 배제해야만 한다. 우리는 논리 법칙들의 엄격한 강요로부터 달아날 수 없다. 그러나 논리의 귀결들이 우리에게는 공허한 것처럼 보이는데, 왜냐하면 이 귀결들은 그 어떤 새로운 것도 나타내지 않고 단지 자명한 것을 표현할 뿐이기 때문이다. 우리는 분명 논리의 인식론적 문제가 이와 같은 진술에 의해 완전히 설명된다는 관점을 취하는 것은 아니다. 그러나 이러한 문제들은 지금껏 거의 연구가 되지 않아 우리는 인식론적 논의로부터 논리를 배제할 것이다. 이는 칸트의 시대 이래로 관습화된 방법이다.

그리고 사실상 자연과학에서 가장 우선적으로 시급한 문제는 앞서 언급한 바 있는 다른 원리들과 관련되어 제기된다. 논리와는 대조적으로, 이 원리들은 사고를 위해 필연적이지는 않은 것으로 특성화된다. 예를 들어 우리는 하나의 사건이 원인 없이 발생하는 것, 물질의 전체 양이 스스로 증가하는 것을 쉽게 상상할 수 있다. 그럼에도 우리는 이러한 원리들을 사용하며, 이 원리들의 타당성에 대해서 깊이 확신하고 있기까지 하다. 따라서 우리는 왜 우리가 이와 같은 믿음을 갖게 되는 것인지에 대해서 묻게 된다. 우리는 이 원리들이 과학 속에서 지속적으로 시험되었으므로, 이 원리들은 경험적인 원리들로서 신뢰할 만한 것일 뿐이라고 가정할 수 있다. 그러나 칸트와 다른 많은 철학자들은 이와는 반대되는 관점을 취했다. 칸트는 앞서 언급한 구분을 제시하며 논리를 분석적 원리라고 불렀다. 그리고 다른 원리들은 종합적이라고 불렀는데, 왜냐하면 이 원리들은 논리적 힘을 결여하고 있기 때문이다. 그는 더 나아가 그럼에도 불구하고 이 원리들이 선험적이라고 말했는데, 이는 이 원리들의 타당성이 경험으로부터 비롯되는 것이 아니라는 뜻이었다. 칸트가 말하길, 이 원리들은 모든 경험과는 독립적으로 참이다.

이 개념에 대한 칸트의 증명은 대략 다음과 같이 공식화될 수 있다. 문제가 되는 전제들은 지각들로부터 명제들을 구성하는 데 사용된다. 따라서 그 어떤 명제도 이 전제들과 모순될 수 없는데, 왜냐하면 그 어떤 명제도 이러한 전제들의 도움을 받아서야 비로소 성립할 수 있기 때문이다. 따라서 이 원리들의 참은 완전히 확실하다. 더 나아가, 이 원리들은 외부 세계에 적용되는데, 왜냐하면 이 원리들은 외부 세계에 대한 모든 명제들에 포함되어 있기 때문이다. 이들은 외부 세계에 대한 '구성적' 원리들이다.

이 글에서 칸트의 철학을 세부적으로 제시하지는 않겠다. 우리의 논의는 위에서 제시된 간략한 요약에 대한 것이며, 따라서 우리의 비판 또한 이에 대응하여 간략할 수밖에 없다. 먼저 우리는 논박 불가능성에 대한 증명을 반박하겠다. 칸트는 다음과 같은 논리 추론을 가정한다. 일련의 명제들 a_i는 모두 전제 A를 포함하도록 주어진다. 이 명제들로부터 A가 거짓이라는 결론이 도출된다. 이때 칸트는 이것이 거짓 증명이라 선언한다. 우리는 -A를 추론할 수 없는데, 왜냐하면 a_i는 A를 전제하기 때문이다. 그러나 칸트는 틀렸다. 왜냐하면 증명은 타당하기 때문이다. 전제 A는 모순으로 이끌며 따라서 A가 거짓임을 보여 준다. 이는 고대 논리학자들의 귀류법이며, 이와 동시에 물리학에서는 아주 친숙한 추론의 양식이다. 한 이론에 의해 일련의 현상들이 설명되고 이는 모순에 이른다. 이때 입증의 방법론이 거짓이라고 결론짓는 대신 과학자들은 제안된 이론이 거짓이라는 결론을 내린다.

이 절차는 모순을 수립하는 데 직접적으로 사용되지 않은 그 어떤 이론을 판단하는 데서도 사용될 수 있다. 모순의 존재는 본질적으로 다음과 같은 방식을 따라서 전제와는 독립적으로 견고하게 수립되어야 한다. 우리는 특정한 지각들인 a_i'을 예상하지만 이와 다른 지각들인 b_i'을 경험한다. 현재로서 우리는 어떻게 우리가 지각들이 동일한지 다른지를 판단할 수 있는지의 문제에 대해 논의하지는 않겠고, 그저 우리가 그렇게 할 수 있다고 가정하겠다. 그러나 모순의 존재를 수립하는 데 선험적 원리들이 개입하지 않는다는 것은 분명하다. 여기서의 유일한 문제는 지각적 경험이 일어나느냐 그렇지 않느냐 하는 것이며, 이에 답하기 위해서는 그 어떤 이론도 필요하지 않다. 따라서 원리상 선험적 원리들이 모순에 이르게 하는지 그렇지 않은지를 결정하는 것이 가능하다.

그러나 이 주장은 추가로 검토되어야만 한다. 일반적으로 모순은 우리가 기술한 엄격한 방법에 따라서 수립되지 않는다. 우리는 지각들 a_i'이 정확히 우리가 확신하는 것이라 기대할 수 없다. 우리는 확률에 따른 특정한 편차를 수용해야만 한다. 만약 우리가 긍정적인 결과에 도달하고자 한다면 말이다. 따라서 결정하는 것은 다소 다른 경로를 따른다. 우리는 관측된 a_i'이 예상된 지각들과 양립 가능한지의 여부를 확인하기 위해서 시험을 할 것인데, 이때 확률의 법칙들을 고려할 것이다. 우리가 이와 같은 확률의 법칙들을 전제하지 않는 이상 우리는 그 어떤 대응에도 도달하지 못할 것이다. 역으로 우리가 기대했던 것과 a_i' 사이의 모든 편차를 부정적으로 해석하는 것에 의해서는 부정증명이 수행되지 않는다. 우리는 오직 편차가 확률의 법칙들을 위반할 경우에만 모순이 증명된 것으로 간주한다. 즉 확률의 법칙들은 모순을 수립하는 데 도입되지 않지만, 이 법칙들은 경험과의 합치가 획득되어야 하는 경우에만 항상 이론들의 구성에 반드시 포함되어야 한다. 이것이 확률의 법칙들이 특별한 지위를 갖는 이유다.

이는 다음과 같은 직접적인 귀결을 갖는다. 이론들을 구성하는 데 사용된 모든 원리들 중에서 확률의 원리는 우리가 가장 마지막까지 유지하게 될 원리다. 예를 들어 우리는 우리가 확률 법칙들의 타당성을 의심하기 전에 변함없이 시간과 공간의 원리들을 수정하고자 할 것이다. 역으로, 다른 원리들에 대한 논박은 우리가 확률 원리를 유지해야만 수행될 수 있을 것이다. 왜냐하면 그렇지 않을 경우 불일치는 항상 이론들의 부분에 있는 실패로서 해석될 것이기 때문이다. 아직까지 실재를 충분히 정확하게 다루는 데까지 이론의 부분이 도달하지 못했다는 것이다. 우리의 지식이 갖는 제한된 정확성으로 인해 우리가 자연에 대해 제시하는 모든 주장은 우리가 확률의 법칙들을 전제하지 않는 이상 비확정적일 것이다. 그렇게 되면 참과 거짓은 없을 것이다. 왜냐하면 오직 극한적인 경우를 위해서만 정의된 개념들은 근사를 다루는 데 쓸모가 없기 때문이다. 역설적으로 들릴지는 모르겠지만, 확률의 법칙들은 우리가 갖고 있는 가장 안전한 소유물이다.

그러면 우리는 확률의 법칙들 그 자체가 논박 불가능한 것이라고 간주해야만 하는가? 설혹 이 법칙들이 궁극적인 전제들이라고 하더라도 이러한 주장은 너무 과도하다. 우리가 말할 수 있는 모든 것은 확률의 법칙들 없이 우리는 분명 모순들에 직면할 거라는 것이다. 그러나 우리는 항상 확률 법칙들을 이용해서 모순들을 피할 수 있다고 주장하지는 않는다. 우리는 가능한 한 항상 확률 법칙들을 유지할 것인데, 왜냐하면 다른 모든 원리들은 이 법칙들에 부합해야 하기 때문이다. 그러나 원리상 오직 확률의 법칙들만을 전제하는 한 이론이 모순들에 이르는 것이 가능하다. 이 경우 우리는 자연에 대한 지식이 불가능하다고 말해야 할 것이다.

최소한 이론상으로 우리는 이러한 가능성을 고려해야만 한다. 지식의 가능성을 근거로 특정한 원리들의 타당성을 증명하고자 하는 일은 유효하지 않을 것이다. 왜냐하면 이러한 가능성 자체가 단지 경험되는 것이며 아마도 그 자체로 오직 제한 속에서만 존재하는 것이기 때문이다. 물론 물리적 현상에 대한 설명에서 이따금씩 어려움들이 발생하는 것이 이 결론을 정당화한다고 말하는 것은 아니다. 그리고 또 다른 구분을 염두에 두어야만 한다. 부정적인 공식화일 따름인 "지금까지 우리는 모순으로부터 자유로운 그 어떤 지식도 얻을 수 없었다"는 확률을 가정하지 않는다. 다른 한편, 긍정적인 공식화인 "자연에 대한 지식은 불가능하다"는 확률의 법칙들을 전제하며 좀 더 정확하게 다음과 같이 진술되어야 한다. "자연의 지식은 확률적으로 불가능할 것이다." 이에 관한 상세한 탐구는 이 주장 역시 의미 있는 주장임을 보여 줄 것이다.

이상과 같은 다양한 고찰들을 결합해 보면, 우리는 아마도 물리학이 '경험과 독립적'이라는 의미에서의 선험적 원리들은 포함하지 않고 있다고 주장할 수 있을 것이다.

우리가 지식의 가장 일반적인 원리들을 유지하고 있는 것은 이 원리들이 경험 속에서 자신들을 증명하고 있기 때문일 뿐이다. 이 원리들은 실재에 대한 무엇인가를 나타낸다. 이 원리들은 공허하지 않다. 오히려 이들은 세계의 특성들을 공식화한다.

제14절 지식 속에서의 이성의 위치

선험성의 철학은 지식이 사고와 지각의 결합 결과이며 지식의 보편적 원리들 속에서 발견된 성분들은 합리적 사고의 표현, 지식의 합리적 성분들의 표현이라는 믿음으로부터 시작되었다. 우리는 이제 이러한 믿음이 오류라고 간주해야만 한다. 왜냐하면 이 원리들도 이성적 특성을 가질 뿐만 아니라 실재의 요소 또한 포함하고 있기 때문이다. 다른 한편, 사고의 법칙들이 지식 속에서 역할을 하고 우리의 앎의 체계가 실재뿐만 아니라 우리 사고의 본성에 의해서도 결정된다는 것은 철학의 심오한 개념들 중 하나다. 만약 우리가 지식의 가장 일반적인 원리들에 의해 경험의 이성적 요소를 특성화하는 것을 포기한다면, 우리는 이성의 위치를 보여 주는 또 다른 방법을 찾아야만 한다.

우리의 세계상의 큰 부분은 분명 이성적 사고의 특성들을 통해서 결정된다. 사고의 본성은 그 자신을 과학의 전체 구조를 통해서 표현한다. 개념들과 명제들의 구분에서, 지식의 한 단계에서 다른 단계로의 진보에서, 수학적이고 논리적인 개념들의 적용에서, 우리 지식의 요소들 사이의 관계들이 갖는 두드러지는 그물망과 같은 특성 속에서 표현된다. 지각과 별도로, 우리가 사고 속에서 만나는 것은 결코 오직 사고만이 아니다. 우리는 오직 그물망과 같은 도식을 경험하는데, 이 도식은 인형극장에서의 줄의 움직임이 무대 뒤의 배우가 갖고 있는 형태들의 움직임을 나타내는 것과 같은 방식으로 우리에게 실재를 나타낸다. 따라서 이 도식 속에서 사고에 의해 결정되는 요소들이 아니라 실재에 의해 결정되는 요소들을 식별하는 것은 더 어려운 일이며 이는 정확히 물리적 과학이 당면한 임무다.

물리적 과학은 가능성과 실재 사이의 차이를 이용해서 이 목표에 도달한다. 사고는 실재와 양립 가능한 것보다 더 많은 수의 도식들을 허용한다. 실재의 속성들은 가능한 도식들 중 허용 가능한 도식을 선택하는 것에 의해서 특성화된다. 다른 한편, 이 절차가 유일한 방식으로 단일한 도식으로 이끌지는 않는다는 사실이 드러난다. 우리는 기술적 단순성이라는 개념 속에서 이러한 미결정성에 직면한 바 있다. 이는 동등한 기술들의 가능성에 의존하는데, 이 기술들은 진리와 관련하여 그 어떤 것도 다른 것에 대해 우월하지 않다. 따라서 광범위한 가능한 도식의 집합으로부터 더 좁은 허용 가능한 도식의 집합이 선택된다. 물리적 지식의 절차는 바로 이와 같은 것으로 구성된다.

오직 이성으로부터만 비롯되며 따라서 실재가 아니라 이성의 면모들을 나타내는 도식의 특성들의 목록을 얻을 수 있는 두 가지의 방법이 있다. 첫째, 우리는 모든 체계들에서는 타당하지 않고 오직 허용 가능한 체계들의 협소한 집합 내에서의 특성들을 지시할 수 있다. 따라서 유클리드 기하학은 실재의 특성이 아니다. 왜냐하면 이 기하학은 도식의 허용 가능한 조정에 직면하여 계속 유지될 수 없기 때문이다(16절 참조). 그러나 기하학적으로 이해 가능해야 한다는 것은 실제로 실재가 갖는 특성이다. 둘째, 우리는 모든 체계들에서 타당한 그와 같은 특성들을 가능한 체계들의 좀 더 광범위한 집합 내에서 찾을 수 있다. 왜냐하면 그러한 특성들은 더 협소한 집합을 위한 그 어떤 구체적인 차이를 나타내지 않으며 따라서 실재의 그 어떤 특성도 지시할 수 없기 때문이다. 그러나 두 번째 경로를 추구하는 것은 더 어렵다. 왜냐하면, 만약 우리가 전제들의 논박 가능성에 대한 이전의 논의들을 염두에 두고 가능한 지각들에 대해서는 그 어떤 제한도 설정될 수 없다는 사실을 의식할 경우, 지식의 모든 가능한 체계들에 대한 명제들을 공식화하는 임무는 희망이 없어 보이기 때문이다. 그러나 우리는 논리와 관련해서 유사한 영역에 대한 전면적인 명제가 공식화될 수 있다는 전제를 생각할 수 있다.

두 방법을 함께 고려하는 것은 협소한 집합에 특화된 특성들, 바로 그러한 특성들만이 실재에 대한 특성화라는 개념을 실행하는 것을 뜻한다. 따라서 이들은 이성으로부터 비롯되는 우리의 지식 체계의 그와 같은 특성들을 고립시킬 수 있지만, 이러한 특성들이 전부라고 주장할 수는 없다. 왜냐하면 실재에 특화된 특성들을 공식화하는 것은 또한 이성의 도움을 받아 수행되기 때문이다. 따라서 우리는 이러한 명제들에서 두 요소의 상호작용을 발견한다.

그럼에도 특히 첫 번째 방법과 관련하여 주관적 요소를 강조하는 것이 중요하다. 왜냐하면 물리학은 대개 더 협소한 집합의 일반적인 전체 영역 속에서 작업하는 것이 아니라, 허용 가능한 도식들 중에서 기술적 단순성과 관련하여 가장 적당해 보이는 하나의 도식을 선택하기 때문이다. 이것이 바로 때때로 우리가 참으로 그 본성상 순수하게 주관적인 도식의 특성들에 객관적인 의의를 잘못 부여하는 이유다. 우리는 어떤 다른 허용 가능한 도식으로 변환함으로써 이와 같은 종류의 특성들을 구분할 수 있다. 이 과정에서 변경되는 것은 그 어떤 것이든 객관적인 의의를 갖지 않는다. 이와 같은 변환을 달성하는 것이 항상 쉽지는 않다. 특정한 요소들이 객관적 본성을 갖는다는 개념이 너무 견고하게 심어져 있어서 이 요소들이 주관적인 것이라고 보는 데 수 세대에 걸친 작업이 소요되는 것은 자주 일어나는 일이다. 우리는 단지 상대성 이론에 대해서 상기해 보기만 하면 된다. 이 이론의 인식론적 의의는 이전까지는 객관적이라고 믿었던 특정한 요소들의 주관성을 드러내 보였다는 데 있다. H. 티링은 실제로 알려져 있음에도 불구하고 쉽게 잊히는, 주관적인 본성을 갖고 있는 요소들의 다른 사례들을 목록화한 바 있다.

그와 같은 탐구에서 인간의 심적 능력은 우리가 일상적으로 가정하는 것보다 더 변이를 잘 수용한다는 것이 증명된다. 두 번째 방법에 따르는 것에는 주의를 하는 것이 좋다. 아마도 논리적 사고의 구조는 우리가 믿고자 하는 성향을 갖는 범위로 고정되지 않을 수 있다. 우리가 인간 사고의 진화적 기원을 고려한다면, 사고의 가장 일반적인 형식마저도 인간이 그의 환경에 특수하게 적응하고자 하는 과정에서 나타났으므로 결국 특정한 측면에서 실재의 특성을 갖고 있다는 것이 그럴듯해 보인다. 가능성 집합에서 그 어떤 절대적으로 보편적인 특성들이 없다는 것 또한 상당히 가능하다. 즉 그 특성들은 특정한 시간에 지식의 일시적인 상태에 있는 좀 더 협소한 집합에 대한 상대적인 일반성 이상의 어떤 것을 가지지 않는 것이 가능하다. 논리 역시 궁극적으로는 진화에 종속된다는 것이 보일 것이다. 분명 우리는 우리가 사용할 수 있는 논리적인 도구들을 가지고서는 이와 같은 상황의 의의가 무엇인지를 말할 수 없다. 우리가 할 수 있는 최선은 가능성 집합에 대해서 긍정적이거나 부정적인 그 어떤 명제도 공식화하는 것을 피하는 일이다.

이상과 같은 일반적인 고찰을 마쳤으므로, 우리는 물리과학의 가장 일반적인 원리들에 대한 좀 더 정확한 분석으로 나아간다. 이를 통해 우리는 이러한 원리들 속에서 경험적 내용들로부터 이성적인 부분을 분리한다는 개념을 추구할 것이다. 13절에서 수행된 논증들은 우리에게 이러한 원리들이 반드시 경험적인 내용을 가져야 함을 보여 주었다. 이 내용의 위치를 파악하기 위해 우리는 관련된 원리들의 어떤 부분이 주관적 임의성에서 유래하며 어떤 부분이 임의성과 독립적인지를 보여 주어야 한다. 동등화 정의에 대한 우리의 앞서 제시된 개념은 이 과정에서 유용함이 입증될 것이며, 우리는 경험주의와 이론 사이의 관계에 대한 우리의 탐구가 사실과 정의 사이의 구분과 일치한다는 것을, 이미 우리가 필요하다고 지시한 바 있는 구분과 일치함을 발견하게 될 것이다.

제15절 공간

공간의 문제에 대한 판단에서의 이질적인 다양성은 그 기원을 공간에 대한 수학적 문제를 물리적 문제와 충분히 구분하는 데 실패했다는 것에 둔다. 비유클리드 기하학이 존재하지 않는 한, 수학과 물리학 모두를 위한 공간의 모형은 오직 하나밖에 존재하지 않는다. 따라서 물리학은 수학으로부터 공간의 개념과 그 법칙들을 단순히 채용하면 되는 것으로 보였고, 반면 수학은 그 자신 고유의 방법들을 통해서 이러한 법칙들을 검토하는 임무를 가지는 것으로 보였다. 이때 수학의 방법들은 모든 경험과 독립적인 것으로 생각된다. 따라서 공간 문제의 주관적 개념이 제기된다. 왜냐하면 공간은 주관적 요소, 지식의 이성적 요소 중 하나로 보이며, 실재에 대응하는 것은 없는 것처럼 여겨지기 때문이다. 이것은 칸트의 개념이기도 하다. 그러나 비유클리드 기하학이 발견되어 복수의 서로 다른 공간 유형들이 가능하게 되면서 상황은 달라졌다. 그 이후 공간의 수학적 문제는 공간의 물리적 문제와 분리되었다. 수학은 오직 유형으로서의 공간 즉 가능한 공간을 다루며, 이에 반해 물리학은 이러한 가능한 공간들 중 어떤 공간이 실재와 부합하는지를 결정해야 한다는 것이 인식되었다.

실재의 과학으로서의 물리학에 대해 가능성의 과학으로서 수학이 갖는 특별한 위치가 다시 한번 분명해졌고, 칸트에도 불구하고 물리적 공간의 객관적 개념이 다시 한번 뿌리내리게 되었다. 분명 이 개념이 충분히 발전하는 데는 거의 한 세기가 걸렸다. 이 움직임의 시초에서 제시된 리만의 예언적인 언급들은 아인슈타인의 상대성 이론을 통해 최초로 실현되었다.

우리가 기하학적 공리들의 논리적 위치를 고려한다면 공간의 수학적 문제가 갖는 특수한 본성이 분명해진다. 수학적 영역 내에서 기하학적 공리들에 대해서는 참 또는 거짓의 판단이 적용되지 않는다. 수학적 공리들은 체스의 규칙들과 비교될 수 있는 정의들이며, 이들은 단지 유관한 유형의 다양체를 구성할 뿐이다. 따라서 개별적인 공리들은 그것들의 역으로 변환해서 다른 공리들과 결합하는 것이 허용된다. 공리들이 서로 독립적인 한 이러한 과정으로부터 오류는 귀결되지 않으며 대신에 새로운 유형의 다양체가 출현한다. 기하학의 대상들 또는 요소들은 함축적 정의의 의미에서 공리들에 의해서 정의된다. 공리들 속에서 제시된 관계들을 만족시키는 그 어떤 것도 기하학의 요소로서 허용된다. 점 또는 직선과 같이 오직 직관적인 요소들만이 이러한 조건들을 충족하는 것은 전혀 아니라는 것이 드러난다. 동일한 공리들이 예를 들어 수와 같은 아주 다른 요소들 사이에서도 적용된다. 우리는 단지 클라인의 시대 이후 비유클리드 기하학에 관한 다양한 모형들이 구성되어 왔음을 상기하기만 하면 된다.

그러나 물리학에서는 문제가 근본적으로 다르다. 물리학은 어떤 공리들이 참인지를 결정해야만 한다. 물리학의 공리들은 정의가 아니라 사실들이다. 물리학자들은 평행선에 대한 유클리드의 공리가 물리적 공간에 적용되는지 그렇지 않은지를 시험해야만 한다. 이와 같은 탐구들을 수행함으로써 물리학자들은 수학적인 공간 모형들 중 어떤 것이 실재에 부합하는지를 결정한다. 이와 같은 개념은 물론 공격을 받았다. 물리학자는 그와 같은 판단을 할 수 없으며, 측정을 할 때 물리학자들은 오직 기하학적 공리들을 전제할 수 있을 뿐 측정의 결과로 이 공리들을 얻을 수는 없다는 주장이 제기되었다. 이러한 반론과 관련하여 우리는 13절을 참고해야 하는데, 여기서 우리는 최소한 물리적 기초 위에서 전제들의 그릇됨을 판단할 수 있음을 보였다. 더욱이 이러한 반론은 다음과 같은 사실을 간과하고 있다. 만약 유클리드 기하학이 작은 영역에서 전제된다면, 실재 공간의 큰 영역에 대한 비유클리드 기하학의 타당성을 증명하는 데 근사의 방법이 사용될 수 있다. 예를 들어, 비록 천문학적 도구들의 유클리드적 특성이 전제된다고 하더라도, 우주가 비유클리드적이라는 결론을 내리는 데 천문학적 측정들을 사용하는 것은 논리적으로 수용 가능한 절차다.

분명 우리는 공간의 문제에 대한 주관적 개념에 대해 하나 인정해야 하는 것이 있는데, 이는 자신을 방어하기 위해서 바로 이러한 개념을 이용한다. 공간적 측정의 결과들은 공간의 객관적 개념을 옹호하는 사람들이 많이 믿는 것과 달리 주관적인 임의성으로부터 자유롭지 않다. 개별적인 점들에서는 그 어떤 공간적 측정이 이루어질 수 있기 위해서 반드시 그 전에 정의들이 제시되어야만 한다. 그리고 측정 결과 어떤 기하학이 나타날지는 정의들의 선택에 의존한다. 이러한 정의들은 10절에서 제시된 의미에서 동등화의 정의들이다. 따라서 공간적 질서의 정의들을 수립하는 것은 중요한 인식론적 작업이다. 왜냐하면 오직 이와 같은 분석에 의해서만 우리는 공간의 인식론적 문제를 명확하게 명료화할 수 있기 때문이다. 이러한 작업이 상대성 이론과의 연관 속에서 수행되었다.

공간을 위한 첫 번째 동등화 정의는 길이의 단위를 설정하는 것이다. 이는 또한 동등화 정의의 가장 명백한 유형이기도 하며, 오래전부터 인지되어 온 바다. 그러나 오랫동안 인지되지 못한 두 번째 동등화 정의는 공간의 다양한 점들에서의 길이 비교를 수립하는 것이다. 우리는 공간의 모든 점에서 단위의 역할을 하는 선의 조각을 시각적으로 도식화하여 표상할 수 있다. 이러한 선 조각들이 일상적인 의미에서 서로 같은지 그렇지 않은지의 여부는 비물질적인 것인데, 왜냐하면 이는 정의에 의해 같다고 할 수 있기 때문이다. 서로 떨어져 있는 선 조각들의 합동을 규정하는 동등화 정의의 필요성을 이해할 수 있다. 왜냐하면 합동과 관련하여 서로 떨어져 있는 조각들을 비교하는 것은 원리상 불가능하기 때문이다. 강체 막대들을 운송하는 것은 도움이 되지 않는다. 왜냐하면 우리에게는 운송 과정에서 막대가 변하는지의 여부를 알 수 있는 방법이 없기 때문이다. 이와는 완전히 반대다. 강체 막대들의 운송 과정에서의 길이 비교는 오히려 하나의 정의로서 생각되어야 한다.

추가적인 동등화 정의는 운동 및 정지와 관련된다. 어떤 계가 정지해 있는 것으로 지정될 것인지는 동등화 정의에 의해서 수립되는데, 이 정의는 그 결과로서 모든 다른 물체들의 운동을 결정한다. 역사적으로 이 개념은 상대성 이론의 시작점이었다. 이는 또한 회전 운동에 대해서도 적용되는데, 이는 코페르니쿠스 체계와 프톨레마이오스의 체계가 서로 동등한 이유다. 전자가 분명 단순하지만, 이는 단지 기술적 단순성에 지나지 않으며 이는 이 세계의 참과 관련해서는 아무런 의미도 없다.

이 문제가 항상 중력의 이론과 연결되어 왔다는 것은

잘 알려져 있다. 중력에 관한 뉴턴의 이론이 유지되는 한, 코페르니쿠스의 체계는 유일한 참된 체계로서 간주되었다. 아인슈타인의 중력 이론이 수립된 이후에야 상대론적 개념이 인식되었다. 그러나 이 개념은 오직 부분적으로만 옳다. 운동은 그 어떤 물리적 이론과는 완전히 독립적으로 동등화 정의를 요구하며 뉴턴의 이론을 포함한 모든 물리적 이론은 절대적인 의미에서의 그 어떤 운동 상태도 지정하지 않는 방식으로 변환될 수 있다. 마흐-아인슈타인의 개념은 이와 같은 인식론적 상대성을 넘어서는 중요성을 갖는다. 관성은 우주의 모든 질량들에 상대적인 운동의 사례들에서 찾아야만 할 뿐만 아니라, 임의의 공간적 방향을 갖는 개별적인 작은 질량체들의 상대적인 운동들 속에서 찾아야 한다는 것이다. 따라서 프리드랜더는 증기기관의 회전하는 플라이휠이 내부에 원심 장을 생성하는지를 궁금해했다. 티링이 증명한 바 있듯, 아인슈타인 방정식 또한 이와 같은 마흐의 원리를 포함하고 있다. 통제 가능한 효과들의 출현을 통해 우리는 여기서 우리가 동등화 정의의 인식론적 상대성보다 더 광범위한 명제를 다루고 있음을 인식할 수 있다. 설혹 그와 같은 정의가 이를 위한 논리적 계기를 제공해 주었을 수 있다고 하더라도 말이다. 역으로, 바로 이와 같은 이유에서 상대성은 이러한 효과들과는 독립적이다.

마지막으로, 많은 경우 간과하게 되는 또 다른 동등화 정의가 운동의 문제 속에서 발견된다. 전체 계의 정지 상태뿐만 아니라 각각의 점의 정지 상태 역시 구체적으로 제시되어야만 한다. 우리가 이와 같은 추가적인 정의를 제시하는 것의 필요성으로부터 자유로워지기 위해서는 계의 물리적 강성이 전제되어야만 한다. 이 경우 강성 그 자체가 이러한 추가적인 정의를 구현한다. 한 정의와 그에 선행하는 정의들 사이의 관계는 멀리 떨어진 선분들 사이의 합동 정의가 단위의 정의와 갖는 관계와 유사하다. 각각의 경우 후자의 정의는 강체 물체의 도움을 받아서 전자의 정의와 결합될 수 있다.

문제가 되는 정의는 점들의 **상대적 정지**의 개념으로서 기술될 수도 있다. 따라서 이는 공간적인 좌표계의 정의와 동일하다. 강체 물체들에 대해서 회전하는 점들의 체계는 '공간 속에서 그것 자체로서 정지해 있는' 기준계로서 정의될 수 있다. 이 개념의 중요성은 상대적 운동 역시 절대적이지 않다는 것이다. 여기서 고정된 별들의 계에 대한 지구의 상대적 운동이 객관적으로 존재한다는 마흐의 견해가 수정되어야 한다는 것이 지적되어야만 한다. 즉 '강체 물체에 대한 상대 운동'만이 존재한다는 것이다. 따라서 우리는 일반 이론과 함께 도입된 상대 운동의 상대화에 대해 말할 수 있을 것이다.

강체 물체들을 이용해 공간의 동등화 정의를 수립하는 것의 가능성과 함께, 오직 빛 신호만을 이용해서 이러한 정의를 수립하는 방법도 있다. 이는 특수한 빛 기하학의 구성으로 귀결된다. 공간 속에서 이리저리 움직이는 특정한 질점들 위에 있으면서 오직 빛 신호만을 이용해서 다른 관측자들과 소통할 수 있는 관측자들을 상상해 보라. 이러한 신호들을 통해 이들은 점들의 상대적 정지, 공간의 선 선분들 사이의 동등함 등을 정의할 수 있다. 이들은 직선의 정의로서 빛 광선들을 이용하는 것이다. 분명 오직 우리가 특이점의 부재를 구분의 허용 가능한 표지로서 간주하는 경우에만 하나의 물체는 빛 기하학의 도움을 받아서 강하다고 할 수 있고 계들이 단단하다고 유일하게 지정된다. 그렇지 않을 경우 우리는 강체 막대와 자연 시계 같은 물질적 개체들을 통해 정의들을 강화해야 한다.

우리가 지금껏 열거한 동등화 정의들은 공간적 질서의 주관적 요소들을 포함한다. 공간적 질서의 사실들, 즉 그것의 객관적 요소들은 이 정의들과는 독립적으로 공식화될 수 있다. 공간 속 어딘가에서 서로 나란히 두었을 때 그 길이가 서로 같은 두 개의 강체 막대들이 공간 속 그 어떤 위치에서 서로 나란히 비교된다고 해도 그 길이가 서로 같다는 것은 강체 물체를 지정하는 데 본질적인 특성이다. 빛 기하학과의 연관 아래에서 추가적인 객관적인 특성들은 빛 공리들로서 공식화되었으며, 방금 전 언급된 것과 같은 물질 공리들이 추가되었다.

공간적 질서는 이러한 사실들을 정의들과 결합함으로써 귀결된다. 만약 우리가 아인슈타인과 함께 물리적 공간이 구형의 본성을 갖는다고 말한다면, 우리는 기초적인 사실들과 정의들을 전제하는 복잡한 사실을 주장하는 것이다. 만약 우리가 강체 물체에 의존하지 않는 다른 정의들을 선택한다면 기하학은 달라질 것이다. 공간 속에서의 물체들의 형태에 대해서도 동일한 것이 참이다. 지구가 구형이라는 결론조차도 강체 물체에 의한 합동 정의와 관련되어 있으며, 오직 상대적인 결과로서의 의의를 갖는다.

여기서 기술된 공간 문제에 대한 해결은 주로 리만, 헬름홀츠, 푸앵카레, 아인슈타인의 업적에 기인한다. 리만의 개념이 물리학에서 갖는 의의를 최초로 인정한 바 있는 헬름홀츠의 경우, 그가 물리적 공간에서 합동의 정의적 특성을 인지한 것에 대한 주된 기여를 했다는 것은 논란의 여지가 없는 사실이다. 푸앵카레는 이에 대해 '규약주의'라는 이름을 붙였는데, 이는 선 선분의 합동이 갖는 정의적 특성을 지칭하며 문제가 되는 정의를 규약이라고 지시한다. 푸앵카레가 이 개념을 도입했을 때 그는 강체 물체라는 규약이 유클리드 기하학을 귀결시킬 것이라고 여전히 믿었다. 그는 아인슈타인이 곧 아주 심각하게 규약주의의 개념을 받아들여 물리학에 비유클리드 기하학을 적용했다는 것을 알지 못했다. 최종적인 명료화가 아인슈타인의 일반 상대성 이론에 대한 철학적 논의와 함께 제시되었다. 불행히도 이 논의에서 단순성의 관점이 큰 역할을 했다. 상대성 이론을 반대하는 논자들은 유클리드 기하학에 더 큰 단순성을 부여하고자 원했던 반면, 이 이론의 지지자들은 유클리드 기하학과 비유클리드 기하학 사이에서 판단하는 데에는 기하학을 사용하는 새로운 물리학을 감안해야 한다는 사실에 호소하며 리만 기하학이 더 단순하다고 선언했다. 그러나 이와 같은 관측은 오직 문제를 더 혼란스럽게 만들었다. 여기서 문제가 되는 것은 **기술적 단순성**이다. 어떤 기하학이 더 단순한 관계들로 귀결시키는지는 아무런 차이도 만들어 내지 않는다. 하나의 기하학이 그 어떤 의미에서도 다른 기하학보다 더 참되지 않다. 오히려 기하학의 상대성은 운동의 상대성과 함께 동등화 정의들에 의존한다.

그럼에도 만약 물리학이 하나의 합동 정의를 선호한다면, 그 이유는 물리학이 반드시 **하나**의 정의를 선택해야 하기 때문이다. 물리학은 관계들을 가장 명료한 방식으로 공식화하는 정의를 선택할 것이며, 이러한 선택은 그 어떤 진리 주장과도 관련이 없다. 물리학이 강한 물체를 통해 합동성의 정의를 선택하는 것은 오직 그와 같은 이유에서 일 뿐이다.

제16절 공간에 대한 관념론적 개념과 실재론적 개념

몇몇 논자들은 공간의 구조가 실재에 대한 그 어떤 객관적 결정도 포함하지 않고 있는 개념적 요소이며, 이는 인간 이성에 의해서 자연을 설명하는 데 도입된 것으로 객관적인 것과는 대응하지 않는다는 관점을 취한다. 사실상 기하학의 상대성은 이러한 해석을 위해서 사용되었으며, 대개 이러한 해석은 유클리드 기하학은 정의에 의해서 수립될 수 있다는 좀 더 포괄적인 주장과 연관된다. 왜냐하면 공간은 어떤 경우에도 무엇인가 주관적인 것이므로, 우리가 특정한 형태의 기하학을 선택하는 것을 막을 수 있는 것은 없다. 이러한 선택의 옹호자들은 주로 유클리드 기하학의 직관적으로 생생한 본성에 호소하며, 비유클리드 기하학의 그 어떤 시각화 가능성도 부정한다.

그러나 공간에 대한 칸트적인 철학의 마지막 갈래로서 등장한 이와 같은 개념은 결코 유지될 수 없다. 기하학이 하나의 개념적 체계를 다루고 있다는 것은 분명하지만, 이것이 자연과학 전체와 특별한 의미에서 다른 것은 아니다. 이 개념적 체계는 아마도 이성에 의해서 결정될 수 있겠지만, 개념적 체계와 실재 사이에서의 동등화는 이성에 의존하지 않는다. 동등화의 해답은 오직 경험에 의해서만 주어질 수 있으며, 따라서 이는 실재에 대한 특성화를 구성한다. 주관적 특성을 갖고 있는 것은 오직 공간적 질서에 관한 선택된 정의들뿐이다. 이 정의들과 나란히 서 있는 사실들은 객관적이며, 바로 그 때문에 우리의 발견에 대해서는 오직 실재론적 개념만이 충분한 설명을 제공하는 것이다.

그리고 이러한 이유로 인해 이른바 유클리드 기하학의 직관적인 특성은 더 우월하다는 주장을 할 수 없게 된다. 우리가 전적으로 유클리드 기하학에 이와 같은 표지를 할당할 수 있다는 것에 동의하지 않는다는 전제로부터 시작하여, 한편으로 우리는 유클리드 기하학이 오직 아주 제한된 영역에서만 직관적인 것으로 간주될 수 있음을 증명할 수 있으며, 다른 한편으로 비유클리드 기하학 역시 동등한 정도로 직관적인 시각화를 할 수 있다. 그러나 뒤따르는 논점은 이러한 관점과는 매우 독립적인 방식으로 제시될 수 있다. 설혹 유클리드 기하학의 직관적인 속성에 대한 주장이 참이라고 하더라도, 이는 절대적인 시간과 공간의 이론이 갖는 인식론적 가치에 관한 그 어떤 결정적인 역할도 하지 않는다. 그것은 단지 심리학적인 능력의 관점에서, 즉 인간의 주관적 능력에 관한 무엇인가로부터 논리적으로 동등한 개념적 체계들 중 하나를 선호할 수 있는 가능성에 대한 어떤 것을 나타내고 있을 뿐이다. 그러나 어떤 개념적 체계가 실재와 들어맞는지의 문제는 매우 독립적으로 답할 수 있는 것이다. 왜냐하면 우리는 실재 그 자체가 인간의 심리학적 능력에 따라 그 자신을 질서 짓는다고 가정해서는 안 되기 때문이다. 특히 물리적 공간의 문제는 직관적인 성질들과는 독립적으로 결정되어야 하는데, 왜냐하면 이 문제는 하나의 개념적 체계가 실재에 대해서 갖는 관계에 대한 문제이지 이 개념적 체계가 직관적 시각화를 위한 인간의 능력에 대해 갖는 관계에 대한 문제가 아니기 때문이다.

유클리드 기하학을 유지하고자 하는 논자들은 기하학의 상대성에 호소함으로써 자신들의 위치를 방어하고자 시도한다. 15절에서 우리는 실재가 애매함 없이 하나의 기하학을 처방하는 것이 아니며, 합동의 정의를 선택함으로써 우리는 이에 따라 출현하는 기하학의 본성을 결정하는 능력을 갖고 있음을 보인 바 있다. 논증은 다음과 같이 이어진다. 만약 우리가 기하학의 본성을 결정할 수 있다면, 직관적 속성에서 더 우수한 기하학을 물리학에서 사용하는 것을 반대할 수 없다. 우리는 기하학이 유클리드적인 것이 되는 방식으로 합동의 정의를 설정하기만 하면 된다.

많은 경우 그와 같은 합동의 정의는 가능하지만, 우리

는 그와 같은 정의를 설정함으로써 물리학에 특정한 미결정성을 도입한다는 것에 주목해야만 한다. 만약 강체 막대들을 이용한 측정이 – 예를 들어 원의 둘레와 지름을 측정하여 두 값 사이의 관계를 계산한다고 해 보자 – 유클리드 기하학으로부터의 편차를 나타낸다면, 이전의 논증은 우리가 이러한 편차를 측정 막대들을 변형시키는 힘의 작용으로 해석해야 함을 의미한다. 그러나 추가적인 실험을 통해 이 힘이 모든 것들에 대해 동일한 효과를 일으키므로 이 힘의 존재는 실천적인 측정 속에서 발견되는 유클리드 기하학과의 편차 외의 방법을 통해서는 증명될 수 없음을 증명할 수 있다. 그러나 물리학에서 그와 같은 보편력의 존재를 허용하는 것은 모든 실천적인 측정들에 불확실성을 도입하는 것이다. 예를 들어, 그렇게 될 경우 지구 표면이 구형이라고 말하는 의미가 없게 된다. 왜냐하면 만약 이러한 힘이 존재할 경우 우리는 지구를 달걀형의 물체 또는 정육면체라고 생각하고 이전까지의 관측들이 보편력에 의해서 왜곡되었다고 생각할 수 있기 때문이다. 따라서 시작부터 정의에 의해서 보편력을 배제하는 것이 타당하며, 물리학은 오직 **차별적 효과**를 일으키는 힘들만을 물리적인 힘으로서 인정한다고 규정하는 것이다. 이러한 규정(Bestimmung)이 주어지면 공간의 기하학 문제는 완전히 결정된다. 이와 같은 개념은 오직 물리학과 기하학이 결합한 전체만이 경험에 의해 시험될 수 있다는 명제로서 공식화되었다. 그러나 이 주장은 분명 기하학에 대한 물음이 하나의 경험적 문제가 되도록 만드는, 정의적 처방들을 포함하는 정확한 위치를 물리학 속에서 지시하는 것의 가능성을 부정하고자 의도된 것이 아니다.

그러나 유클리드 기하학의 특별한 위치를 위한 또 다른 논증이 다음과 같이 제시되었다. 강체 물체는 그 자체로 정의될 수 없으며 이미 그 정의 속에서 유클리드 기하학을 전제하고 있다는 것이다. 그러나 이 개념은 앞선 논증들에 의해서 논박되었다. 강체 물체는 앞서 언급된 종류의 물리적 힘들에 대해 오직 약간의 탄성적 반응만을 보이는 계로서 정의되었다. 만약 우리가 물리적 힘들의 영향들은 교정에 의해서 제거되어야 한다는 규정을 추가한다면, 물론 이때 보편력은 허용되지 않는다. 우리는 운송을 통해 운반되는 강체 물체들의 전송된 길이에 대한 완전한 정의를 갖게 된다. 따라서 보편력의 배제는 강체 물체 또한 결정하며, 유클리드 기하학에 의한 강체 물체의 형태를 규정하는 규칙의 자리를 대체할 수 있다.

그러나 우리는 다시 한번 기하학의 상대성 개념을 검토하여 기하학의 상대성이 어떤 범위까지 유클리드 기하학을 허용하는지의 문제를 탐구해야만 한다. 수학적으로 기하학의 상대성은 기하학적으로 서로 다른 공간들 사이의 변환 가능성에 의존한다. 그러나 분명 이 변환은 공간들이 위상적으로 동등한 경우에만 유일하고 연속적으로 완전하게 수행될 수 있다. 만약 강체 물체를 이용한 합동의 정의에 부합하도록 공간에 대한 측정이 수행되어, 그 결과 위상적으로 유클리드 기하학과의 편차를 나타낸다면, 정의에 의해 유클리드 기하학을 도입하는 것은 인과성 원리를 위배하는 결과를 낳는다. 예를 들어, 만약 비유클리드 공간이 구형 또는 닫혀 있는 것으로 드러난다면, 이것을 정의에 의해서 유클리드 기하학을 변환하는 것은, 다른 무엇보다도 빛 광선이 유한한 시간에 무한한 유클리드 공간을 통과하여 반대편으로부터 돌아오는 결과를 가져올 것이다. 그와 같은 가능성을 허용하는 것은 물리적으로 의미가 없어 보이며, 특히 선험성의 철학에 대해서는 더더군다나 그러하다. 따라서 그러한 가능성의 배제는 기하학의 상대성을 특정한 제약 내로 제한하며, 특정한 상황에서 유클리드 기하학을 도입하는 것을 금지한다. 이는 아마도 유클리드적 공간에 특별한 위치를 제공하는 것에 대항하는 가장 중요한 논증일 것이다.

그 결과 공간의 위상학은 계량보다 더 근본적인 결정으로 간주되어야만 한다. 인과성에 대한 특정한 기초적 전제들이 제시되고 나면 위상은 실재에 의해서 규정된다. 이는 또한 공간적 차원의 수로서 숫자 3이 갖는 물리적 의의에 대한 명료화로 이끈다. 이는 그 자체로 위상적인 결정을 의미한다. 수학에서는 서로 다른 차원의 수를 갖는 공간들이 서로 변환될 수는 있지만 완전히 유일하고 연속적으로는 변환될 수 없음이 알려져 있다. 기하학의 상대성에 대한 근본적인 원리에 따르면, 우리는 3차원 공간을 4차원 공간으로 변환할 수 있고 따라서 차원의 수가 갖는 모든 객관적 의미를 취할 수 있지만, 그렇게 되면 인과적 연결의 연속적 본성은 상실될 것이다. 그 결과로 우리는 차원의 수로서 3이 갖는 다음과 같은 객관적인 의미를 수립할 수 있다. 오직 3차원에서만 실재에 대한 연속적인 인과적 질서 짓기가 가능하다. 이는 수 3과 관련된 선험적인 특성으로서 생각되어서는 안 되며, 오직 경험으로부터 배운 결과로서 간주되어야 한다. 설혹 인과적 질서의 연속성과, 특히 접촉에 의한 작용의 원리를 이행하는 것이(18절 참조) 정의적 특성을 갖는 요구로서 간주되어야 한다고 해도, 특정한 차원의 수가 이러한 조건을 만족하며 이 수가 정확히 3이라는 것은 경험의 사실이다. 그렇다면 바로 이러한 의미에서 차원의 수는 실재에 의해서 규정되며, 역으로 이는 실재의 객관적인 특성이다. 차원의 수가 인간의 본성 즉 감각의 심리학의 의미에서 인간의 구성에 의해서 결정된다고 가정하는 것은 전적으로 잘못된 것이다. 차원의 수는 주관적으로 결정되지 않는다. 이와 반대로,

진화적 적응은 인간 속에서 정확히 3차원을 선별해 내는 성향을 발전시켰다.

제17절 시간

시간 또한 동등화 정의들을 포함하고 있다. 오직 이 정의들을 드러내는 경우에만 시간의 철학적 문제가 명료화될 수 있다.

첫 번째의 동등화 정의는 시간 단위와 관련되며 물론 이는 잘 알려져 있다. 그러나 우리는 시간에 관한 합동의 문제를 우리가 공간에 대해서 그랬던 것과 같은 방식으로 발견한다. 이어지는 시간 분절들의 합동은 동등화 정의를 필요로 한다. 절대적인 의미에서 시계의 두 연속적인 단위를 비교하는 것은 불가능하다. 그럼에도 우리가 이 단위들을 서로 같다고 말하고자 한다면, 이러한 주장은 정의로서의 본성을 갖는다. 만약 서로 나란히 놓인 두 개의 자연시계가 동일한 첫 번째 단위를 갖고 있다면, 이들의 두 번째 단위도 같을 것이다. 이는 하나의 사실이며, 우리는 경험에 의해 이 사실을 학습한다. 그러나 만약 우리가 모든 시계에 대해 첫 번째 단위가 두 번째 단위와 같다고 주장한다면, 이는 경험에 의해서 알 수 있는 것이 아니라 하나의 정의다. 따라서 시간의 계량과 시간의 균일성은 정의에 의존한다. 이 정의는 임의적이며 그 어떤 것도 우리로 하여금 자유롭게 떨어지는 물체가 균일한 속력을 갖는 방식으로 시간 계량을 정의하는 것을 막지 못한다. 그러나 우리는 균일성을 정의하는 다수의 서로 구분되는 방법을 갖고 있으며, 이들의 구분은 이들이 모두 동일한 계량을 귀결시킨다는 사실을 구성한다. 이러한 방법들은 다음과 같다.

1. 자연 시계, 예를 들어 회전하는 시계에 의한 정의. 이 목적을 위해서 자연 시계는 닫힌 주기적 계로서 정의된다. 이 개념은 강체 물체에서와 유사한 문제들을 포함하고 있으며, 다른 어려움들 역시 포함하고 있다. 왜냐하면 회전하는 전자들을 가진 원자들과 같은 최고의 시계들은 그 자체로 직접적으로 자신들의 회전 단위를 진동수로서 제시하지 않으며, 방출되는 빛의 진동수에 의해서만 주기를 정의하는데, 이는 (보어에 따르면) 회전의 단위와 복잡한 방식으로 관계되어 있다. 현대의 양자역학이 말하는 것처럼 최종적으로 전자들의 회전 개념이 완전히 포기되어야 한다면, 어떻게 원자가 시계의 개념에 적합할 수 있는지는 열린 문제로 남아 있어야만 한다.

2. 관성의 법칙을 통한 정의. 힘을 받지 않고 움직이는 질점은 동일한 시간에 동일한 거리를 이동한다. 따라서 시간 계량은 공간적 분절의 측정을 통해서 주어진다. 즉 이는 관성의 법칙을 경유하여 공간의 계량에까지 거슬러 올라간다. 이 정의는 시간의 동일한 분절들의 두 끝점을

서로 다른 공간 점들에 위치 지음으로써 동시성을 이미 정의들 내에 포함시킨다는 불리함을 갖는다.

3. 빛의 운동을 통한 정의. 빛 광선 또한 동일한 시간에 동일한 거리를 이동하며, 움직이는 질점과 같이 빛 또한 균일성을 정의하는 데 사용할 수 있다. 동시성을 제거하기 위해 우리는 강체 막대에 의해 연결된 두 개의 거울 사이에서 빛 광선이 왔다 갔다 반사되는 것을 상상할 수 있다. 이 경우 이 시계는 끝점에서 동일한 시간 분절로 시간을 나눌 것이다(아인슈타인의 빛 시계). 그러나 공간적 측정이 제거될 수 없는데, 왜냐하면 거울들 사이의 강한 연결이 본질적이기 때문이다. 오직 빛 기하학의 도움을 받아야만 빛의 운동만을 이용해서 시간의 계량에 대한 정의를 제시하는 것이 가능하지만, 만약 정의가 유일하게 되기 위해서는 강체 막대가 반드시 필요하다.

이상과 같은 모든 정의들은 임의적이지만, 이들이 유일하다(eindeutig)는 사실은 우리의 의지와는 독립적이며, 이것이 이들을 식별할 수 있게 해 주는 표시다.

세 번째 동등화 정의는 **동시성** 즉 공간의 서로 다른 점에서의 평행한 시간 분절들의 합동과 관련된다. 공간 점들이 서로 다르다는 것이 본질적이다. 동일한 공간 점에서의 두 사건의 마주침은 다른 종류의 문제들에 속하며 동시성이 아니라 일치라고 불린다. '동시성의 상대성'이라는 이름 아래에서 세 번째 동등화 정의는 특수 상대성 이론의 기초가 되었다. 이 정의에 대한 철학적 이해를 얻기 위해서 우리는 시간의 개념을 더 깊게 들여다보아야 한다.

이상에서 열거된 세 개의 동등화 정의들은 시간의 **계량적** 특성들과 관련되지만, 이 정의들에 더해서 우리는 시간의 **위상적** 특성들을 고려해야만 한다. 시간의 가장 기초적인 특성은 **시간 계열**인데, 이는 한 순간이 그 전의 순간을 뒤따른다는 의미에서 순수하게 시간 점들의 위상적인 질서를 부여하는 것이다. 주어진 공간 점 P에서 일어나는 모든 사건들은 임의의 두 사건을 선택했을 때 하나의 사건이 다른 사건의 이후에 오는 것과 같은 방식으로 질서 지워진다. 이 관계는 전이적이라, 우리가 선형 연속체라고 가정하는 시간 계열은 하나의 단일점 위에서 발전한다. 그렇다면 근본적인 위상적 관계는 '시간적으로 느린' 또는 그 역인 '시간적으로 이른'이다. 이 관계를 다른 관계로 환원할 수 있을까? 즉 시간 계열의 관계에 대한 동등화 정의를 제시하는 것이 가능할까?

인과성 개념의 도움을 받으면 그와 같은 정의를 공식화하는 것은 사실상 가능하다. 만약 특정한 사건 E_1이 사건 E_2의 원인이라면, E_1은 E_2보다 이르다. 그러면 우리는 시간 계열의 개념을 원인의 개념으로 추적할 수 있게 된다. 만약 우리가 시간 개념을 사용하지 **않고서** E_1과 E_2의 순서를 식별한다면 말이다. 우리는 사건 E_1과 E_2에서 E_1이 E_2의 원인이라고 인식할 수 있는 무엇인가 식별 가능한 것을 찾아야만 한다. 이는 다음과 같은 방식으로 성취될 수 있다.

만약 우리가 E_1에 하나의 **표시** 즉 매개변수에서의 작은 변동을 부착할 경우, 이 표시는 E_2에서도 관측 가능할 것이다. 다른 한편, 만약 우리가 그와 같은 표시를 E_2에 부착한다면, 이것은 E_1에서 관측되지 않을 것이다. 이는 인과적 관계의 식별 가능한 특징이다. 효과는 시간적으로 앞으로만 전파되지 역으로 전파되지는 않는다. 따라서 효과 전파의 본성은 시간 계열을 정의하는 데 사용될 수 있다(21절 참조).

우리는 동일한 개념이 **신호** 개념에도 포함되어 있음을 발견한다. 우리는 신호란 하나의 공간 점 P에서 다른 공간 점 P′으로 전파하는 물리적 과정으로서 이해한다. 이러한 '동일한 과정의 전파'는 오직 표시의 도움을 받아야지만 특성화될 수 있다. 신호란 표시가 점에서 점으로 움직이는 과정이다. 그러면 신호는 작용 전달의 모형이며 따라서 **인과적 사슬**로서 지칭된다. 용어 '신호'는 정확하게 표시를 전파하는 속성에 들어맞는데, 왜냐하면 이는 표시들의 전파를 뜻하기 때문이다.

오직 그와 같은 신호의 과정만이 **실재적인 계열**인데 이는 비실재적 계열로부터 날카롭게 구분되어야만 한다. 예를 들어, 만약 우리가 두 자를 서로 겹치게 한 뒤 하나의 자를 대각선 방향으로 움직인다면, 교차하는 점은 모서리를 따라서 빠르게 움직일 것이다. 두 자를 실질적으로 평행하게 함으로써 이때의 교차점의 속도는 비한정적으로 증가될 수 있다. 그러나 이 경우 그 어떤 표시도 전달되지 않는다. 만약 자들 중 하나가 그 모서리를 따라서 어딘가에 작은 사영을 만든다면, 계열은 그 점에서 방해를 받게 될 것이다. 그러나 이는 뒤따르는 과정에는 아무런 영향도 주지 않으며 뒤따르는 과정은 변화되지 않은 채 연속적이다. 그와 같은 비실재적 계열들은 방향에 대한 아무 표시도 제공하지 않으며 따라서 시간의 방향을 정의하지 않는다. 실재적 계열들을 특성화하는 수단으로서 표시를 강조한 폰 라우에는 아마도 실재적 계열과 비실재적 계열 사이의 차이에 주목한 최초의 학자일 것이다.

이제 우리는 다음과 같이 시간적 계열의 위상적인 동등화 정의를 제시할 수 있다. 만약 사건 Q_1으로부터의 신호를 통해 사건 Q_2에 도달할 수 있다면, 사건 Q_2는 사건 Q_1보다 늦다고 말한다.

다음으로 우리는 시간 질서의 두 번째 위상적 공리를 공식화하는데, 이는 시간적 계열의 개념으로부터의 유비에 의해서 도출된다. 만약 신호가 Q_1에서 Q_2로 또는 Q_2에서 Q_1으로 송출될 수 없다면, 두 사건 Q_1과 Q_2는 **시간적 계열에 대해서 미결정적**이라고 불린다.

이 정의가 **동시적**이라는 개념의 본질적인 속성을 정확하게 포착함을 주목하자. 왜냐하면 동시성의 직관적인 상은 정확히 동시적인 사건들이 서로에 대해서 원인-결과 관계를 갖지 못함을 의미하기 때문이다. 나의 현재 행동과 동시적으로 일어나는 사건은 내가 이 사건에 영향을 미칠 수 없고 이 사건 또한 나의 행동에 영향을 미칠 수 없는 방식으로 시간적인 상황에 처하게 된다. 이에 더해 동시성에 대해 이야기할 때 우리는 이보다 더 나아간 것을 주장하고자 한다. 우리는 문제가 되는 사건들에 동일한 시간 값을 부여하기를 원한다. 그러나 분명 이는 진술된 조건이 만족되는 경우에만 허용 가능하다.

어떻게 우리는 이러한 추가적인 조건을 수용할 수 있을까? 의미 있는 선택을 할 수 있는 방법은 없다. 우리는 이 조건이 필요할 뿐만 아니라 동시성을 위해서 충분하다는 것을 인정해야만 한다. 시간 계열과 관련해서 미결정적인 임의의 두 사건은 동시적이라고 불릴 수 있다. 왜냐하면 이 주장은 시간적 계열의 정의와 결코 모순될 수 없기 때문이다. **시간적 계열과 관련하여 미결정**이라는 우리의 개념적 구체화를 전제했을 때 말이다.

그럼에도 동시성에 대한 이와 같은 위상적인 구체화가

유일한 동시성으로 유도하는 것은 분명 가능하다. 만약 인과적 전달의 속도가 비한정적으로 증가할 수 있다면 그와 같이 된다. 그러면 모든 사건 Q_1에 대해 시간적 계열과 관련한 오직 하나의 사건 Q_2, 다른 인과적 사슬에 있는 사건 Q_2만이 미결정이다. 그러면 시간적 계열에 관련되어 미결정이라는 개념은 시간의 고전적 이론에서의 동시성 개념과 동일할 것이다. 그러나 이것이 필수적인 것은 아닌데, 왜냐하면 모든 원인-결과 전달에는 상한이 있을 수 있기 때문이다. 만약 그와 같다면 시간 계열에 관해 미결정적인 위상적 개념은 유일한(절대적인) 동시성 개념을 유도하지 않을 것이다.

그리고 이것이 사례의 실제 상태다. 빛의 속력은 모든 원인과 결과의 전달의 상한이다. 이는 하나의 실험적 결과인 것으로 보아야 한다. 두 가능성 사이의 선택은 선험적이라고 여겨질 수 없다. 그러나 우리는 여전히 동시성의 개념을 사용하지 않고서 이 주장을 공식화하는 것이 어떻게 가능한지를 보여 주어야만 한다. 이것은 동시성의 유일성을 판단하기 위한 목적으로 사용되어야 하므로, 이는 동시성의 개념을 전제할 수 없다.

따라서 우리는 모든 원인-결과 전달의 상한의 존재를 다음과 같이 공식화한다. 만약 시각 t_1에 공간 점 P로부터 또 다른 공간 점 P′으로 하나의 신호가 송출되어 다시 P로 돌아온다면, $t > t_1$인 P에서의 시간 점 t가 있어서 모든 물리적으로 가능한 신호들에 대해 P로 돌아오는 시각이 t보다 이르지 않다. 이와 같은 공식화는 오직 시간적 계열의 개념만을 전제할 뿐 동시성 개념을 전제하지는 않는다.

모든 가능한 t에 대한 상한 t_2는 빛 신호의 복귀와 대응한다. 따라서 빛은 **첫 번째 신호**다. 왜냐하면 빛은 가장 먼저 돌아오는 신호이기 때문이다. 만약 우리가 빛이 P′에 도착하는 순간을 t′으로 지정하면, 우리는 P에서의 t_1에서 t_2까지의 간격을 P′에서의 시간점 t′과 동등화하는 것이다. 이 간격 사이에 있는 모든 점은 t′과 동시적으로 불릴 수 있고, 이러한 제한 아래에서 동시성은 임의적이다.

이것이 동시성의 상대성을 엄밀하게 제시한 것이다. 이는 원인-결과 전달의 상한이 존재한다는 것의 귀결로서, **시간적 계열에 대해 미결정적**이라는 위상적 개념이 동시성의 유일한 규정을 유도하지 못한다는 사실에 근거한다. 따라서 동시성은 위상적 구체화에 계량적인 동등화 정의를 추가함으로써만 수립될 수 있다. 특수 상대성 이론에서 아인슈타인은 $t' = t_1 + 1/2(t_2 - t_1)$이라고 규정하지만, 이는 분명 정의에 지나지 않으며 참 또는 거짓이라고 말할 수 없다. $t' = t_1 + \varepsilon(t_2 - t_1)$, $0 < \varepsilon < 1$과 같은 형식을 갖는 모든 정의는 허용 가능하다. $\varepsilon = 1/2$로 선택하는 것은 단지 기술적 단순성의 의미에서 특정한 이점들을 귀결시킬

따름이다.

많은 경우 동시성의 상대성은 두 명의 관측자를 도입하여 이들의 위치 또는 운동 상태의 차이에 의해서 시간의 차이를 정당화함으로써 수립된다. 그러나 이는 오해를 불러일으키는 설명이다. 우리가 이미 보인 바 있는 것처럼 동시성의 상대성은 시간 질서의 **논리적** 문제와 연결되어 있는 것이지 **심리적** 문제와 연결되어 있는 것이 아니다. 시간을 정의하는 문제는 모든 관측자들에게 동일한 방식으로 존재하며, 개별 관측자는 시간적 정의에 대한 모든 가능성을 선택할 수 있다. 만약 두 개의 시간에 대한 다른 정의가 두 명의 다른 관측자들에게 할당될 경우 우리는 단지 상황에 대한 더 나은 **직관적** 상을 얻을 뿐이다. 그러나 정지해 있는 관측자는 운동하고 있는 관측자만큼이나 동일하게 시간을 정의할 수 있다. 비록 그의 계에서 빛의 속력은 일정하지 않고 선분을 따르는 두 방향에서 다를 것이기는 하지만 말이다. 이것은 위치에서의 차이 문제가 아니라 **측정에 대한 논리적 전제들**에서의 차이다. 측정이 이루어지기 위해서는 반드시 이러한 전제들이 임의적으로 규정되어야만 한다.

이와 같은 이유로 인해, 몇몇 적절한 기제를 구성함으로써 동시성의 상대성을 우회하는 것은 불가능하다. 몇몇 논자들은 두 개의 분리된 점에서 전류가 닫혀 있는 기제를 이용해서 절대적 동시성을 정의하고자 시도했다. 그러나 이에 대해 자세히 분석해 보면 전기적 효과 전파의 유한한 속력으로 인해 이러한 시도가 유지될 수 없음을 보일 수 있다. 다른 논자들은 시계들의 운송을 통해서 절대적 동시성을 수립하고자 시도했는데, 이들은 이러한 장치 역시 지식이 아니라 정의만을 생산할 뿐임을 알아채지 못했다. 더 나아가 이 정의가 유일하기 위해서는 오직 경험적으로만 시험될 수 있는 전제를 필요로 한다. 이는 운송된 동시성이 운송 속력으로부터 독립적이라는 것이다. 상대성 이론은 바로 이 전제를 부정하며, 그에 따라 이 절차는 절대적 동시성을 수립하는 것에서뿐만 아니라 심지어 동시성의 정의를 위해서조차도 적합하지 않은 것이다.

제18절 시간과 공간 사이의 연관

동시성의 상대성은 움직이는 물체들과 관련하여 공간의 측정이 시간의 측정에 의존하게끔 만든다.

정지한 상태의 선분, 즉 관련된 좌표계 내에서 정지한 선분은 이에 나란하게 막대를 놓음으로써 측정된다. 움직이는 선분은 이와 같은 방법으로는 측정될 수 없다. 즉 우리는 이 선분과 같이 움직이는 막대를 나란히 놓을 수 있지만, 이 방법은 우리에게 오직 그 자신의 계에 대해 정지한 상태에서의 선분 길이만으로 제공해 줄 뿐이다. 원래의 좌표계에 상대적인 길이를 제공하지 않는 것이다. 따라서 우리는 움직이는 선분의 길이가 무엇을 의미하는지를 규정하는 새로운 정의를 제시해야만 한다.

아인슈타인에 따르면 이 정의는 다음과 같은 규정으로 구성된다. 움직이는 선분의 길이는 선분의 끝점들의 동시적인 위치 사이의 거리다. 그러면 선분은 정지한 계로 투영되어 그 결과로 귀결되는 거리는 정지해 있을 때 선분을 측정하는 절차들에 따라서 측정된다.

이 또한 정의의 문제이며 따라서 이러한 개념적 구성물은 임의적이다. 그러나 그와 같은 규정이 제시되어야만 한다는 것은 우리의 재량에 종속되지 않는다. 전-상대론적 운동학이 그와 같은 정의를 포함하지 않았던 것은 과학자들이 이러한 정의가 필요하다는 것을 인지하는 데 실패했기 때문이다. 논리적 관점에서 보면 이러한 정의가 필요한 것은 명백한데, 왜냐하면 이러한 정의 없이는 움직이는 선분의 길이가 무엇인지를 이해할 수 없기 때문이다.

상대성 이론에서는 로렌츠 변환의 결과로 움직이는 선분의 길이가 정지 상태에서의 선분 길이에 비해 짧아진다는 것이 증명되었다. 일단 여기서 두 개의 완전히 다른 개념들이 작동하고 있다는 것이 명료해지면 측정된 양에서의 차이는 더 이상 혼란스럽지가 않다. 운동 방향으로 움직이는 선분들이 보이는 이러한 수축은 적절하게도 아인슈타인 수축이라 지정된 바 있다. 이 수축은 로렌츠 수축과는 구분되어야 하는데, 로렌츠 수축은 동시성의 상대성과는 아무 관련이 없고 다른 양들과 관련된다.

공간 측정의 동시성 의존성은 민코프스키에 의해 창시된 바 있는, 공간과 시간을 4차원 기하학으로 결합하는 데에서 분명히 표현되었다. 이 결합에서 동시성 의존성은 시간과 공간의 축들의 방향에 대한 위치의 의존성으로서 표현되었으며, 민코프스키의 표현은 시간이 공간의 한 차원이 되었다는 식으로 해석되어서는 안 된다. 이와 반대로 시간은 민코프스키적 세계에서 그 특유한 속성들을 유지하며, 시간의 특수성은 선 요소에 있는 시간적 항이 갖는 음의 부호를 통해서 가장 시각적인 표현을 얻는다.

사실상, 좀 더 정확한 연구는 시간이 더 깊이 있는 개념이며 이 개념으로부터 공간이 도출됨을 보여 준다. 이러한 사실은 빛 기하학으로부터 명백해지는데(15절 참조), 이 기하학에서는 시간에 대한 측정으로부터 시작해서 이로부터 공간에 대한 측정으로 나아간다. 공간적 거리는 시간을 이용해서 측정되며, 시간은 원인-결과 전달을 위해 필수적이다. 그러면 공간적 근방이란 빠른 인과적 전달의 가능성을 의미하고, 공간적 접촉이란 인과적 연결을 의미한다. 의심할 나위 없이 인식론적 분석은 공간과 시간 사이의 연결이 있음을 알려 주지만, 상대성 이론에서 시간과 공간 사이의 연결을 명료화하기 위해 일반적으로 사용되는 시각적 표상으로부터 얻는 것과는 다른 의미를 갖는다.

16절에서 우리는 공간에 대한 실재론적 개념을 위한 완전한 정당화를 제시한 바 있다. 앞선 고찰들은 시간도 유사한 실재론적 해석을 요구함을 분명하게 증명한다. 분명 정의들을 통해 주어지는 동등화에는 주관적 요소가 있지만, 이와는 독립적으로 시간적 질서 역시 인과적 사슬들의 속성들을 궁극적으로 나타내는 사실들을 포함하고 있다. 따라서 시간은 인간의 마음에 의해서 자연에 부여되는 특별한 의미의 도식이 아니다. 자연에 대한 우리의 지식에 대한 다른 개념적 공식화와 다른 종류의 것이 아닌 것이다. 시간의 객관적 의미는 이것이 인과적 사슬들의 질서 유형을 공식화한다는 데 있다. 그렇다면 이는 아주 일반적인 본성을 갖는 물리적 이론인 것이지, 그 어떤 의미에서도 특별하고 직관적인 인간 능력의 산물이 아닌 것이다.

인과성은 시간이 그에게로 환원되어야 하는 더 깊은 개념이다. 그러나 이미 우리가 수립한 바 있듯 공간이 시간에로 환원될 수 있으므로, 이로부터 공간적 질서 역시 인과성의 개념으로 환원된다는 결론이 도출된다. 공간과 시간에 대한 실재론적 개념에 대한 가장 심오한 공식화는, 공간과 시간이 세계의 인과적 구조에 대한 표현에 다름 아니라는 주장에서 찾을 수 있다.

제19절 실체

공간 및 시간 개념과 함께 실체의 개념 또한 철학적 개념들과 얽히고설켜 있다. 왜냐하면 실체 개념은 물리학에서의 존재 개념을 가장 일반적으로 표현하기 때문이다. 실체라는 표현을 통해 우리는 모든 일어남의 기초를 구성하는 존재하는 무엇인가를 의미한다. 속성들과 법칙들이란 단지 실체의 본성이 유지하는 요소들 사이에서의 관계들에 불과하다.

바로 이와 같은 이유 때문에 이 개념에 대한 특정한 모호함이 존재한다. 실체는 하나의 철학적 개념이며, 물리학은 전통적인 철학적 개념들의 사용을 피하고 대신 그 자신의 개념들을 사용하는 건강한 경향성을 갖고 있다. 왜냐하면 많은 경우 철학의 기초적인 개념들은 너무나 역사적인 마음가짐을 갖고 있는 철학자들에 의해서 영원한 필연성으로서 고려된 바 있는, 물리학의 발전에 참여하지 않았던 이전 세대의 물리적 개념들에 지나지 않았음이 드러났기 때문이다. 따라서 물리학은 실체에 대해서가 아니라 물질, 질량, 에너지에 대해 말하는 것을 선호하며, 물리학은 이러한 개념들에 힘, 효과, 모멘텀 등과 같은 특정한 유도 개념들을 추가하여 이러한 개념적 체계의 총체만이 실체 개념에 의해서 철학 속에서 의미되는 모든 것을 표현한다. 질량과 에너지의 동일성과 관련된 것, 모멘텀과 에너지를 텐서 안에서 결합하는 것과 관련된 깊이 있는 물리적 발견들은 이 개념들 사이에서 명료한 분리가 있었을 경우 가능하지 못했을 것이다. 실체라는 모호한 개념은 이와 함께 폐기되지 않았으며, 새로운 개념들은 철학적 고려 없이 정확하게 정의되었다.

에테르의 문제를 해결한 것은 이와 같은 절차의 필요성을 증명한 가장 주목할 만한 사례다. 특히 여기서는 모든 상황에서 고전 물리학과 일상생활에서 사용된 실체의 개념을 유지하려는 시도가 그 어떤 복잡한 이론에 의해서도 없어질 수 없는 모순들에 이르게 한다는 것이 명백해졌다. 탄성 에테르에 의해서 전제되는 종류의 실체는 사실상 고체 물체, 액체, 기체를 통해 우리에게 나타나는 거시적인 개체들과 다를 바 없으며, 이 개체들은 아주 다른 종류의 기초 입자들의 집합체임을 우리는 오랫동안 인지해왔다. 그러나 이러한 기초 입자들이 거시적인 물질 속에서 오직 집합체의 속성만을 드러낸다는 것은 극히 있을 법하지 않은 일이다. 따라서 물리학이 실체의 거시적인 개념을 선험적으로 필수적이라고 간주하고 이를 물질 이론의 기초로 삼는 것을 거부하는 것은 참으로 올바른 것이다.

물리학에서 실체의 개념은 장의 개념에 의해서 대체되었다. 아인슈타인 이래로 장은 자연스럽게 정의되는 입자들을 포함한다는 속성을 갖지 않는 실체를 의미하고 있다. 원자적인 물질은 완전히 다르다. 각각의 원자는 시간을 거치면서도 동일한 대상으로 여겨질 수 있는 개체다. 민코프스키의 언어를 사용하자면 물질은 세계선들의 다발로서 해소되며, 이 세계선들의 다발이 시공간 세계 속에서 갖는 위치는 물질에 의해서 결정된다. 분명 우리는 장과 같은 실체가 입자들로 분리되는 것 또한 상상할 수 있다(입자들이 연속체에서의 부피 요소들과 같이 서로 접촉하는지 아니면 원자들처럼 분리되어 있는지의 문제는 열린 문제로 남겨 두자. 이에 대한 답은 오직 다른 맥락에서만 의의를 가질 것이다). 그러나 세계선들로부터의 분리가 어떻게 이루어져야 하는지가 자연에 의해서 결정되는 것은 아니다. 세계선들은 이들의 시간에 의해 분리된 특성의 제약 아래에서 그 방향을 선택할 수 있다. 하나의 분리가 입자 a, b, c, …로 귀결되는 반면, 다른 분리는 입자 a′, b′, c′, …로 귀결되는데, 이 입자들의 세계선들은 a, b, c의 세계선들과 비스듬하게 교차하므로 입자 a′은 어떤 시간에는 a와, 다른 시간에는 b, c 등과 동일하다. 따라서 a′, b′, c′ 등으로 표시되는 정지한 계는 운동할 때 a, b, c 등으로 표시되는 계와는 다른 상태를 갖는다. 이러한 상황은 그와 같은 입자들로 구성된 확장된 개체가 확정된 운동 상태를 가지지 않는다는 아인슈타인의 주장이 갖는 의의를 구성한다. "아마도 운동의 개념이 적용될 수 없는 확장된 물리적 대상들이 가정될 수 있을 것이다. 이들은 아마도 그 자신들을 시간을 통해 추적할 수 있는 입자들로 구성되어 있다고 생각해서는 안 될 것이다." 물론 근본적인 물리적 개념의 그와 같은 발전은 오직 그것이 자연과학의 진보에 참여할 수 있고 **선험적**이라고 쓰인 규정들의 제약에서 자유로운 경우에만 가능하다.

보존 법칙에 대해서도 상황은 유사하다. 칸트는 물질의 보존 법칙을 **선험적**으로 필연적인 것으로 공준화하였고, 이 점에서 대부분의 철학자들은 칸트를 따랐다. 다른 한편 물리학은 이 원리를 실험적인 시험에 처하게 하는 것이 적절하다고 생각했다. 화학적 반응 과정에서의 물질의 보존은 이미 라부아지에에 의해서 시험된 바 있었는데, 그는 유리로 된 플라스크에 있는 물질들을 밀폐한 후 화학 반응 전후의 무게를 측정했다. 이후 란돌트(Landolt)는 좀 더 정확한 실험들을 수행해서 이 원리가 오차의 범위에서 입증이 되었음을 확인했다. 더 나아가 물리학은 실체 보존의 원리를 보편화하는 것을 주저하지 않았다. 아인슈타인에 따르면 오직 질량과 에너지의 합만이 일정하며, 우리는 라부아지에와 란돌트가 (오늘날 가능한 것처럼) 좀 더 정확한 측정을 할 수 있었다면 일정한 질량이 아니라 무게의 줄어듦을 발견했을 것임을 주목해야 한다. 왜냐하면 에너지의 일부는 열복사의 형태로 빠져 나가기 때문이다.

철학은 그 자신의 관점에서 보존의 원리의 선험성을 다른 방식으로 정당화하고자 시도했다. 이러한 해석에 따르면 보존 원리는 엄밀하게 참이지만, 실체를 구성하는 물리적 사물이 무엇인지는 오직 지식의 점진적인 진보를 통해서만 알 수 있다. 따라서 현대의 이론에서 더 이상 물질만이 아니라 물질과 에너지의 합이 참된 실체를 구성한다. 이 합이 두 개의 현상적인 겉보기를 가질 뿐이다. 이러한 개념은 오늘날에는 추가적인 정정이 필요한데, 왜냐하면 스칼라 에너지는 아인슈타인 에너지 텐서에 의해서 대체되었기 때문이다. 이에 따라서 실체는 텐서라는 복잡한 본성을 갖는 개체에 의해서만 특성화될 수 있다. 물론 이는 얼핏 보면 보존에 관한 오래된 철학적 원리에 대한 가능한 확장인 것처럼 여겨진다. 그러나 우리는 보존의 원리가 개체들에는 적용되지 않는 통계적인 법칙임이 드러날 경우에조차도－보어, 크라메르스, 슬레이터의 이론에서 이와 같이 가정된다－이러한 확장의 방법이 가능한 것으로 남을 것이라고 생각해서는 안 된다. 이 이론이 물리적인 근거들로 인해 이 이론의 저자들에 의해서 더 이상 주장되지 않는다는 사실은 이것의 철학적 문제와는 무관하다. 따라서 보존의 원리를 선험적 원리로서 유지하고자 원하는 것은 의미가 없다. 이는 반드시 하나의 경험적 결과로서 간주되어야 하며, 따라서 경험적 지식에서 일어날 수 있는 모든 수정을 겪을 수 있다.

다른 한편, 대상과 관계를 차별화하는 것과 관련된 실체 문제의 측면은 우리에게 철학적 의의를 갖는 것처럼 보이며, 이는 6절의 마지막에서 제시된 바와 같다.

제20절 인과성

인과성과 연관되는 일군의 문제들은 우리로 하여금 결론적인 설명을 제시하기에는 아직 충분히 연구되지 못했다. 따라서 우리는 이에 대한 일반적인 면모들을 대략적으로 살펴보는 것으로 만족해야 한다. 우선 인과적 주장의 내용을 공식화하는 것이 가장 중요한 것으로 보인다. 우리는 이것이 결코 단일한 주장의 문제가 아니라 많은 수의 주장들과 관련된 문제들이라는 것을 깨달아야 한다. 이 모든 주장들이 인과성이라는 복잡한 원리 속에 포함되어 있다.

1. 인과성에 대해 제시될 수 있는 가장 일반적인 논점은 인과성이 물리적 양들의 기능적(함수적) 의존성의 존재를 주장한다는 것이다. 만약 A이면 B라는 것은 인과적 주장의 일반적인 형식이다. 따라서 이는 하나의 함축을 나타낸다. 원인의 개념이 기능(함수)의 개념에 의해 완전히 설명되는지에 대한 논쟁이 이어지고 있다. 몇몇 논자들은 인과성에 형이상학적 창조 또는 연결과 같은 신비의 요소를 부여하기를 원하는 반면, 다른 논자들은 이러한 형이상학적 해석을 완강하게 반대한다. 이러한 반대자들에 따르면 인과성이란 순수하게 기술적인 것이며, 기능(함수)의

개념에 의해서 나타나는 바로 그와 같은 연결만을 나타낸다. 후자의 개념은 인과적 개념이 순수하게 논리적인 수단에 의해 완전히 분석될 수 있어야 한다는 점을 고수하는 한 옳지만, 이 개념이 원인의 개념을 기능(함수)의 개념과 동일시한다는 점에서는 옳지 않다. 왜냐하면 모든 기능(함수)의 형식이 인과성과 대응하는 것은 아니며, 오히려 아주 특수한 성격을 가진 기능적(함수적) 연결이 인과성과 대응하기 때문이다. 이 기능(함수)의 결정 요소들을 더 정확하게 밝히는 것이 인식론이 할 일이다. 이 임무를 수행하는 과정에서 우리는 그와 같은 논리적 분석이 형이상학적 개념은 오직 희미하게만 추구했던 것을 정확하게 성취함을 발견할 것이다. 이 분석은 우리가 직관적으로 파악하는 '됨', '연결'이라는 인과성의 특성을 포착한다. 우리는 아래의 논의에서 이러한 좀 더 정확한 구체화를 제시하고자 시도할 것이다.

2. A와 B를 연결하는 함축은 비대칭적 관계다. 두 구성원들 사이의 질서를 지시하기 위해서 우리는 이를 다음과 같은 형식으로 작성해야 한다.

$$A \rightarrow B.$$

우리는 17절에서 관계의 방향을 인지할 수 있는 수단을 설명한 바 있다. 더 나아가 이 함축은 전이적이고 연결되어 있으며, 귀결되는 계열은 선형의 열린 연속체의 특성을 갖는다. 따라서 인과적 계열의 점들(점-사건들)은 이러한 속성들 사이에서 관계의 장을 구성한다. 오직 그런 경우에만 인과적 관계는 세계의 인과적 구조가 나타나는 방식으로 특성화된다.

3. 더 나아가 우리는 A와 B 사이의 관계가 연속적이라고, 즉 A에서의 작은 수정이 B에서의 작은 수정 또한 생산한다고 주장한다. 만약 A에서의 수정이 충분히 작다고 가정된다면 말이다. 이는 아주 중요한 속성이다. 이 속성 없이는 인과적 관계가 실질적으로 무용할 것이다. 왜냐하면 우리는 엄격하게 말해서 동일한 대상들이나 사건들에 결코 마주치지 않기 때문이다.

4. 더 나아가 우리는 그 사이에 인과적 관계가 유지되는 요소들 즉 사건들의 매개변수들이 시공간 좌표들이 아니라고 주장한다. 이를 다른 방식으로 공식화해 보자. 좌표들은 물리적 방정식들에서 명시적으로 나타나지 않는다. 이것은 인과성에 대해서라기보다는 시간과 공간에 대한 주장이며, 시공간 좌표들에 대한 정의로서 간주될 수 있다. 우리는 우리가 이들이 서로 다른 시간의 서로 다른 공간적 위치에서 동일한 효과를 생성해 낼 것이라고 말할 수 있는, 사건을 결정하는 요소들을 계속 찾는다. 우리가 이 요소들을 찾지 못하는 한, 우리는 단순히 힘의 장 또는 이와 같은 종류의 무엇인가가 적절한 공간적 위치에 존재한

다고 말한다. 그러나 여기서 우리가 어느 정도까지 단순히 정의를 갖고 있는 것인지, 우리가 어느 정도까지 실재의 제약적인 본성에 관한 주장을 하고 있는지를 결정하기 위해서는 더 자세한 연구가 요구된다.

5. 또한 인과성에는 연속적으로 퍼져서 모든 중간에 개입하는 점들을 가로지르는 사건의 개념이 포함되어 있다. 이것이 **접촉에 의한 작용의 원리**인데, 이는 아마도 다음과 같이 공식화될 수 있을 것이다. "시간 Δt 뒤에 특정한 거리 r_1 너머에 있는 공간 점 P에서 시작하는 효과는, 시간 Δt 뒤에 특정한 거리 r_1 너머에 있는 P를 통과하는 그 어떤 광선 r에서도 탐지될 수 없다. 여기서 r_1은 Δt와 함께 연속적으로 증가하고, $\Delta t = 0$일 때 $r = 0$이다." 이것은 효과의 속력에 유한한 상한이 존재함을 말하는 것이 아니라 오직 무한한 속력만을 배제할 뿐이다. 따라서 빛의 속력이 가장 빠른 신호 속력이라는 주장은(17절 참조) 접촉 작용의 원리가 갖는 귀결이 아니라 이를 넘어서는 주장이다.

6. 더 나아가 우리는 거리에 따라서 효과가 줄어든다고 주장한다. r_1이 증가함에 따라 효과의 강도는 줄어든다. 이는 접촉에 의한 작용의 원리의 확장이며, 이는 시간의 방향에 대해서도 일반적으로 타당하다. 거리에 따른 효과의 감소는 장 이론에 명백한데, 왜냐하면 효과는 계속 팽

창하는 구형의 표면 위로 퍼져 나가기 때문이다. 그러나 운송된 물질 입자들 또는 선 복사에서는 상황이 다르다. 이러한 상황들 속에서 이 원리가 어떤 정도까지 유지될 수 있는지를 결정하기 위해서는 더 상세한 탐구가 요구된다.

7. 마지막으로, 함축으로서의 인과성의 특성을 넘어서는 외삽을 나타내는, 인과성과 연결된 마지막 주장은 다음과 같다. 하나의 시간 점 t에서 세계의 상태에 대한 정확한 지식이 주어졌을 경우, 과거와 미래를 유일하게 계산하는 것이 가능하다는 것이다. 이 주장은 **결정론**이라고 알려져 있다. 이것은 지식의 확률적 본성에 충분한 주의를 기울이지 않았을 때 도출되는 위험한 귀결들 중 하나다. 따라서 우리는 이 주장을 과학에서 사용되는 근사의 방법과 관련되는 좀 더 겸손한 주장으로 대체하고자 한다. "효과를 나타내는 매개변수들에 대한 더 정확한 분석을 통해서, 예측의 확률은 확률 1에 임의적으로 가까워질 수 있다." 우리는 극한에 대한 그 어떤 주장도 피하고, 확률 1이 우주의 그 어떤 정의된 상태와 대응하는지의 여부를 열린 문제로 남겨 둔다. 이 지점에서 결정론은 무너진다. 이 개념의 추구는 우주의 확률적 연결 이론으로 이끄는데, 이 이론에는 오직 확률의 정도만이 존재할 뿐이다. 동시에 이는 시간의 문제에 대해 새로운 빛을 던져 준다. 만약 17절에서 제시된 관측들을 차례로 고찰한다면 말이다. 이와 같은

탐구의 귀결들은 필자의 다른 논문들에서 찾을 수 있다.

우리는 지금껏 인과성의 개념에 포함되어 있는 일곱 개의 분리된 주장들을 열거했으며, 우리는 이보다 더 많은 주장들이 존재할 가능성을 배제할 수 없다. 이제 우리는 인과성이 선험적 관계라고 올바르게 불릴 수 있는지 여부의 문제로 돌아갈 것이다.

논리적 관계로서의 인과성은 모든 지식의 이론적 성분들이 그러하듯 지식의 이성적인 성분으로부터 비롯된 무엇임이 분명하다. 우리는 이 관계가 실재에서 일어난다고 주장할 수 없는데, 왜냐하면 이는 말이 안 되기 때문이다. 대신 우리는 이 관계를 실재에 적용하는 것이 가능한지의 여부를 물을 수밖에 없다. 그러면 선험적인 철학의 개념은 모든 상황에서 인과적 관계가 유지될 수 있도록 공식화되어야만 한다. 실험적 내용이 무엇이든 관계없이 말이다. 우리는 여기서 이 문제를 완전하게 다룰 수는 없다. 이 주장을 입증하기 위해서는 인과성에 관한 요소 주장들 각각을 분리해서 탐구해야 한다. 우리는 단순히 이 문제가 오직 확률 이론과의 연계 아래에서만 다루어질 수 있고, 일단 확률 개념이 근본적인 개념임을 인정하면 인과성은 경험적 주장이 됨을 보일 수 있다는 것을 지시하고자 한다. 우리로 하여금 인과성의 원리를 포기하게끔 강요하는 경험을 상상하는 것이 가능하다. 그것이 개별적인 현상이거나 원자적인 영역이거나 간에 말이다. 오직 미래만이 물리학이 이 방향을 취할 것인지의 여부를 알려줄 수 있다(24절 참조).

제21절 인과성의 비대칭성

이 근본적인 물음에 대한 좀 더 완전한 검토는 거듭해서 수립된 바 있는 인과성의 비대칭성에 대해 제시될 수 있는 반론들에 응답하기 위해서 요구된다. 이들은 열역학의 제2법칙 문제와 관련되어 있다.

널리 유지되고 있는 개념에 따르면 모든 물리적 사건들의 기초적인 과정들은 **가역적인** 본성을 갖는다. 이는 역학의 미분방정식들에 가장 분명하게 표현되어 있는데, 2차의 질서를 갖고 있어서 가능한 운동을 위한 모든 해에 대해서 또 다른 해가 변환 $t = -t'$을 통해서 첫 번째 해로부터 얻는 것을 허용한다. 이 방정식들에 따르면 자연의 법칙들은 시간의 그 어떤 방향도 지시하지 않고, 사건들은 미래로부터 과거를 향하더라도 그 반대의 상황에서와 마찬가지로 잘 작동한다. 볼츠만은 비가역성에 **통계적인** 기초를 제시함으로써 이러한 해석이 열역학에서 비가역적 과정들이 발생하는 것과 모순되지 않음을 보이기 위해서 노력했다. 그의 이론에 따르면 시간 방향의 비대칭성은 오직 복합된 과정들로부터 비롯되는 **거시적** 발생들과의 연결 속에서만 나타난다. 예를 들어, 두 기체의 혼합의 방향이 서로 섞이는 방향으로 일어날 확률이 아주 큰 반면, 기체가 분리되는 것은 비록 이것이 불가능하다고 선언될 수 없더라도 아주 확률이 낮다.

이 논증은 많은 수의 철학자들에 의해서 받아들여졌고, 시간적 방향에 대한 모든 지시는 볼츠만의 도식과 합치해야 한다는 견해가 표명되었다. 예를 들어, 슐리크는 '자국'의 개념이 이에 따라서 해석되어야 함을 지시하고 있다. 우리가 모래 속에서 사람의 발자국을 발견했다고 가정하면, 우리는 인간의 존재가 시간적으로 선행한다고 추론하는 것을 정당화할 수 있다. 모래에 새겨진 문양이 바람에 의한 모래의 흩날림이라는 우연에 의해서 생길 확률은 압도적으로 낮기 때문이다. 슐리크는 동일한 방식으로 필자에 의해서 제시된 표시의 원리를 해석한다. 예를 들어, 만약 우리가 돌멩이 위에 분필로 표시를 할 경우, 슐리크는 이 과정이 엄격하게 말해 가역적이라고 할 것이다. 마치 우리가 돌멩이를 접촉한 것처럼—이때 돌멩이는 이미 분필 표시를 갖고 있다—돌멩이 위에 있는 분필 입자들이 동시 발생적으로 돌멩이로부터 떨어지고 그들이 스스로 분필 조각에 붙을 것이다. 사실상 그와 같은 일의 발생은 불가능한 것으로 여겨질 수 없으며 오직 고도로 확률이 낮을 뿐이다.

이러한 개념에 대한 비판은 두 방향을 취해야만 한다. 첫 번째로 우리는 만약 거시적 과정의 비가역성에 관한 볼츠만의 추론이 타당한지의 여부에 대한 물음을 연구해야 한다. 이는 우리를 두 번째 물음으로 이끌 것이다. 기초적인 사건이 가역적이라는 논제를 수립하게끔 만드는 정당화는 무엇인가?

우선 첫 번째 문제를 다루어 보자. 필자는 가역적인 기초적 과정들로부터 거시적 수준에서의 비가역성을 도출하고자 하는 볼츠만의 시도가 성공적이지 않다는 입장을 갖고 있다. 왜냐하면 볼츠만이 살아 있을 당시에 출판된 깁스(Gibbs)의 **가역성 반론**이 아주 옳기 때문인데, 이는 우리가 닫힌계들로 우리의 논의를 제한할 때 그러하다. 만약 B가 확률이 낮은 (혼합되지 않은) 기체의 상태이고 C가 이를 뒤따르는 혼합된 상태라면, 볼츠만은 B → C가 발생할 확률이 C → B가 발생할 확률보다 훨씬 더 크다고 말할 것이다. 다른 한편, 가역성 반론은 다음과 같이 제시된다. 만약 A가 우리가 모든 입자들의 운동 방향에 C에서 정확하게 반대라고 상상하는 사실에 의해 정의되는 상태라면, B는 A로부터 발전되어야만 한다. 그러나 볼츠만의 원리에 따르면 A는 그저 C만큼의 확률을 갖는다. 왜냐하면 볼츠만의 관점에서는 한 상태의 확률이 속도의 부호와는 독립적이기 때문이다. 따라서 A → B는 B → C만큼이나 빈번하게 일어날 것이다. 이러한 결론은 볼츠만의 기초적인 개념과 모순된다.

이러한 모순에 대한 해명은 **상대 확률** 개념의 사용을 요구한다. 그러면 우리는 볼츠만의 개념을 다음과 같이 표현할 수 있다. B → C인 상대 확률이 높고(즉 상태 B가 주어졌을 때 상태 C를 얻을 확률), 상대 확률 C → B는 낮다. 이와 마찬가지로, 상대 확률 A → B는 낮고, B → A는 높다. 다른 한편, 가역성 반론은 다음과 같다. B → C가 발생할 절대적 확률은 A → B(또는 C → B)가 발생할 절대적 확률만큼 높다. 두 주장 모두 옳고 이들은 서로 모순되지 않는다.

그러나 만약 그와 같이 모순이 해결된다면 이와 동시에 시간 방향 지정 또한 잃게 된다. 이는 다음의 사례를 통해서 가장 잘 볼 수 있다. 상태 B가 주어졌을 때, 우리는 이후의 시간에 계가 더 높은 확률의 상태인 C에 있을 확률이 압도적으로 크다고 결론 내릴 것이다. 그러나 그 역은 참이 아니다. 상태 B와 C가 주어졌을 때 우리는 B가 더 일찍 발생했다고 결론 내리지 않을 수 있다. 왜냐하면 C가 일찍 일어났을 확률 역시 동일하기 때문이다.

그러나 만약 그와 같이 모순이 해결된다면 이와 동시에 방향 지정 또한 잃게 된다. 이는 다음의 사례를 통해서 가장 잘 볼 수 있다. 상태 B가 주어졌을 때, 우리는 이후의 시간에 계가 더 높은 확률의 상태인 C에 있을 확률이 압도적으로 크다고 결론 내릴 것이다. 그러나 그 역은 참이 아니다. 상태 B와 C가 주어졌을 때 우리는 B가 더 일찍 발생했다고 결론 내리지 않을 수 있다. 왜냐하면 C가 일찍 일어났을 확률 역시 동일하기 때문이다. 따라서 시간의 방향으로부터 사건을 추론하는 것만이 정당화되며 사건으로부터 시간의 방향을 추론하는 것은 정당화되지 않는다. 그러나 시간의 방향을 지시하는 것은 오직 두 번째의 추론이다. 첫 번째 추론은 방향을 지시하지 않음을 다음과 같은 사실에서 가장 잘 볼 수 있다. 만약 우리가 상태 B를 시작점으로 삼는다면, 우리는 계가 이전에 더 높은 확률을 갖는 상태에 있었다고 압도적으로 높은 확률로 결론 내려야 한다.

우리가 아주 낮은 확률에 있는 계를 자세히 살펴보고 계의 초기 상태의 기원이 외부적인 원인들에 기인함을 확인할 때, 즉 이 계를 닫힌 것으로 간주하기를 멈추는 경우에만 이러한 상황은 변화할 것이다. 예를 들어 우리가 질소와 산소가 섞이지 않고 나란히 존재하는 기체의 계가 상태 B에 있다고 볼 경우, 예를 들어 화학 변환을 통해 두 기체가 분리되어 생산됨으로써 이와 같은 계가 형성되는 것이 그 자신의 닫힌 과정을 통해서 분해되는 것보다 훨씬 더 높은 확률을 갖는다. 두 개의 상태 B와 C가 주어졌을 때(C는 잘 섞인 상태에 있다) 우리는 B가 이전의 상태라고 추론할 수 있는데, 왜냐하면 B의 기원은 낮은 확률의 경우인 A → B와 연결되어 있지 않으며 외부의 원인들로 추적될 수 있기 때문이다. 이 경우에 상태들로부터 시간의 방향으로 향하는 두 번째 추론이 정당화되며, 사실상 시간의 방향을 지시하는 것이 가능해진다.

외부의 원인들을 도입하는 것이 더 포괄적인 계의 확률을 증가시키는 것과 동일한 경우에 외부 원인들이 계에 포함될 수 있다. 우리가 이와 같은 방식으로 전체로서의 세계 체계로 접근할 경우, 우리는 세계 체계의 확률이 일정하게 증가한다고 말할 수 있고, 이는 시간의 방향을 지시하는 것이다. 만약 우리가 세계 체계의 전체적인 진화를 일정하게 상승하는 곡선으로 간주할 수 있다면, 실제로 방향 지시자는 현존하는 것이다.

우리가 우주 전체를 유한한 수의 가역적인 기초 과정들로 구성된 닫힌계로서 생각하는 경우에만 어려움이 발생한다. 이와 같은 경우, 우주의 확률 곡선에 적용되는 우리의 이전 언급들에서는 아무 방향도 지시되지 않는다. 사상가들은 이따금씩 다음과 같은 가정을 함으로써 이와 같은 상황에서 스스로를 해방한다. 최소한 확률 곡선이 가파르게 떨어지는 영역에서는 결국 우주적 지속의 기간에 대해서는 방향적 지시자가 존재하는데, 시간의 방향은 위로 올라가는 것으로 정의될 수 있다. 예를 들어, 이 이론에 따르면 우리보다 이후에 사는 서로 다른 인종은 우리의 잠정적인 관점에서 바라보았을 때 반경적으로 반대 방향을 향하는 곡선의 한 분기를 따를 것이고 이는 시간의 역방향을 양으로 정의할 것이다. 그럼에도 필자는 이와 같은 해법을 받아들일 수 없다. 만약 사건들의 과정에서 시간의 방향이 변하는 것이 가능하다면, 사건들 또는 발전의 관점에서 진화하는 무엇인가를 이야기하는 것이 더 이상 의미가 없을 것이다. 되어 감의 개념은 박탈되고, 사건들의 시간적 경과는 통계적인 특성을 갖는다.

이는 우리의 첫 번째 물음에 대해 답한다. 만약 세계에서 일어나는 것들이 유한한 수의 가역적인 기초 과정들로 구성되어 있다면, 시간 방향의 지시는 유지되지 않는다. 분명 우리는 여전히 인과성에 '상대적 확률 비대칭성'(B → C와 C → B의 상대적 확률 사이의 차이를 통해 주어지는)을 부여할 수 있지만, 이는 시간의 방향을 지정하는 데는 충분하지 않다. 가역성의 전제를 정당화하는 것과 관계된 두 번째 질문은 여전히 응답되어야 하는 것으로 남아 있다.

우리는 기초 과정들의 수가 유한하다는 가정에 대해 논쟁할 수 있지만, 기초적 과정들의 가역적 특성에 의문을 던지는 것이 더 쉬울 것이다. 왜냐하면 이것은 본질적으로 세계에 대한 역학적 관점의 영향을 통해 등장한 개념으로, 오직 결정론의 개념과 연결되었을 경우에만 유지될 수 있다. 양자 역학의 시대에 이를 유지해야 하는 강한 이유는 없다. 인식론적으로 말해서, 경험될 수 있는 것을 넘어서는 이상화인 그 어떤 이상화—결정론의 개념처럼—도 포함하지 않는 법칙들의 도식을 통해서 우주에서 일어나는 사건들을 생각하는 것이 더 건전할 것이다. 필자는 확률의 개념에 기초해서 그와 같은 도식을 발전시킨 바 있다. 인과성에 의해서 시간의 방향을 지시하는 것은 매우 기초적인 사실인 듯 여겨지며, 우리는 이 사실이 보존되는 방식으로 기초적인 사건에 대한 우리의 개념들을 질서 짓는 것이 나을 것이다.

우리는 다음과 같은 사실을 지적해야만 한다. 인과성의 개념을 확률의 개념으로 대체하면서 우리는 특히 비가역성을 수립하기 위해서 혼합 과정의 개념을 사용할 필요가 없다. 확률 사슬 B → C가 일어날 절대적 확률이 확률 사슬 C → B가 일어날 절대적 확률보다 훨씬 더 높은 확률 사슬이 존재하기만 해도 충분하다. 그러면 우리는 확률과 함께 B를 이전의 사건이라고 가정할 수 있다. 비록 볼츠만에 의해 강조된 혼합 과정의 개념이 유사한 관계들을 수립한다 하더라도, 이 개념은 이러한 관계들에 의해 필연적으로 전제되는 것은 아니다. 이 개념의 유용성은 아마도 주로 다음과 같은 사실에서 비롯될 것이다. 거시적인 세계는 다수의 작은 입자들의 집합체이고, 따라서 혼합 과정들이 큰 역할을 하는 것처럼 보인다. 혼합에 호소하지 않고 확률을 통해 방향을 지시하기 위한 단순한 모형이 다음과 같은 방식으로 설정될 수 있다. 만약 우리가 갈턴(Galton) 판(위로 서 있는 못들로 덮여 있는 판)을 글 쓰는 책상처럼 비스듬하게 세워 두고, 대리석 공을 왼쪽 측면에서부터 이 판 안으로 굴렸을 때, 이 공은 기체 계에서의 확률 곡선과 유사한 곡선을 그릴 것이다(물론 이 공이 가끔씩 뒤로 돌아올 수 있지만, 이는 무관하다). 따라서 하나의 공에 의해 그려지는 곡선은 기체 계와 꼭 같은 정도로 시간의 방향을 정의한다. 이것은 마치 기체 계가 그러한 것처럼 공의 높고 낮은 위치 계열에 대한 상대 확률의 차이를 넓게 하고, 곡선 전체가 낮은 위치에 다다를 때만 절대 확률의 차이를 낳는다. 예를 들어, 우리가 마찰에 의해 야기된 수정을 알아채는 경우를 들 수 있다. 세 개의 사건들을 이용해서 확률 개념을 통해 시간적 방향을 지시하는 또 다른 방법은 필자가 앞서 출판한 논문을 통해 제시한 바 있다.

17절과 20절에서 제시된 인과적 관계의 비대칭성은 이와 같은 의미에서 이해되어야 하며, 따라서 오직 확률 개념에 호소함으로써만 엄격하게 정당화될 수 있다. 우리는 아마도 이를 '절대적 확률 비대칭성'이라 부를 수 있을 것이다. 그러나 만약 우리가 작은 확률을 0이라고 설정함으로써 확률 개념을 제거함으로써 순수하게 인과적인 접근법을 취하고자 한다면, 우리가 표시 원리의 도움을 받아 제시했던 비대칭적 도식을 통해 이를 제시하는 것이 정당화되며 심지어 필요하기까지 하다.

제22절 확률

우리는 이미 우리의 논의에서 확률 개념을 광범위하게 사용한 바 있다. 여기서 우리가 다루고 있는 것은 지식의 기초적 개념, 특히 물리학이 사용하고 있는 진리 개념의 형식이므로, 확률 개념을 단순히 하나의 특수한 문제로서 다루는 것은 불가능하다. 그럼에도 불구하고 우리는 여기서 물리학의 통계적 법칙들에서 찾을 수 있는 확률 개념의 특별한 적용에 대해서 논하고자 한다.

물리학에서 확률 개념은 두 개의 지점에서 개입된다. 한편으로 이 개념은 오차 이론과 함께 도입되었는데, 이는 주로 천문학적 문제들과의 연관 속에서 구성되었다. 다른 한편, 이 개념은 열역학에서의 기체 운동학 이론과의 연계 속에서 도입되었는데, 엔트로피 원리에 대한 볼츠만의 설명에서 최고의 승리를 기념한 바 있다. 이후 확률 개념은 물질의 이론에 도입되어 오늘날 물리학에서 필수 불가결한 요소를 구성하고 있다. **통계적** 규칙성은 물리학 속에서 인과적 또는 **동역학적** 규칙성과 나란히 그 위치를 차지하고 있다.

그러나 이에 더해 확률과 수학적 이론 즉 확률 해석이 존재한다. 이 이론은 우연의 게임과의 연관 속에서 발전되었다. 즉 실천적인 적용, 물리적 문제를 통해 발전한 것이다. 그러나 그 후 이 이론은 물리적 적용을 통해 좀 더 도식적인 예들로서 다루게 되었으며 독립된 수학 영역으로서의 차원을 갖추게 되었다. 이와 같은 확률의 수학적 이론은 특별한 인식론적 문제들을 갖지 않는다. 이 이론은 기하학에서의 공리들처럼 특정한 초기 공리들을 설정하는데, 이는 정의들로서의 본성을 갖는 것으로서 여겨지며, 그 이상이 아니다. 이 이론은 일반적인 논리적-수학적 방법론에 따라서 이 공리들로부터의 귀결들을 발전시키며, 오직 이 관계에만 관심을 갖는다. 그리고 이 관계를 이해하는 것은 물론 높은 정도의 수학적 통찰력을 필요로 한다. 그렇다면 수학적 확률 해석은 논리적으로 엄밀한 과학이며, 이것의 결과들은 기하학의 결과들만큼이나 확실하다. 이 이론의 참은 엄격한 논리의 참이지, 예를 들어 확률 개념의 참이 아니다. 따라서 진정한 인식론적 문제들은 오직 수학적 질문들 이후에야 시작된다. 이 공리들이 실재에 적용될 수 있을까? 이는 인식론적 문제이며 물리학에서의 확률 해석의 적용과도 관련된다. 만약 이 물음에 대해 긍정적으로 대답할 수 있다면, 당연히 물리학은 확률 해석의 전체적인 논리적 구조를 수용할 수 있다.

연관은 과학의 실제적 실천에서는 정확하게 그 역이다. 물리학은 공리들을 묻는 것으로부터 시작하지 않는다. 물리학은 확률 해석을 그 전체로서 수용하며 이와 함께 작업한다. 따라서 공리들의 타당성은 이미 확립되어 받아들여진다. 확률의 법칙들이 물리학에서 적용된다는 사실을 인정하면, 우리는 무엇이 이 과정을 정당화하는지의 물음을 탐구해야만 한다. 이를 사용하면서 과학자는 실재에 대해서 어떤 주장을 하는 것일까?

몇몇 논자들은 확률 법칙들의 사용이 결코 하나의 방편 이상이 아니라고 답했다. 비록 필수적인 방편이긴 하고, 우리는 무지에 의해서 이 방편을 사용하게끔 추동되지만, 이상적인 상황에서는 물리학이 이것의 사용을 피할 수 있을 것이다. 이는 **확률의 주관적 이론**이다. 예를 들어, 이 관점에 따르면 볼츠만의 원리는 오직 임시변통의 지원책에 지나지 않는다. 만약 우리가 분자들의 운동을 정확하게 따를 수 있다면 우리는 확률 개념을 필요로 하지 않을 것이다. 확률의 주관적 이론은 주로 C. 슈툼프(Stumpf)에 의해서 수립되었다. 이 이론은 **동등한 확률을** 갖는 사례들(대개 **동등하게 가능한** 사례들이라는 구절로 언급된다)에 대한 판단을 **불충분한 근거의 원리** 위에 기초한다. 이 원리에 따르면 우리는 주사위의 여섯 면이 동등한 확률을 갖는다고 말해야 하는데, 왜냐하면 우리에게는 한쪽 면을 선호해야 하는 근거가 없기 때문이다. 이에 반대하는 관점은 **확률의 객관적 이론**으로, J. 폰 크리스, E. 질셀, 필자에 의해서 제시된 바 있다. 분명 이 이론의 옹호자들은 우리가 많은 경우 정확한 계산을 수행하지 못한다는 것을 당연하게 받아들이지만, 이들은 이로부터 확률 개념이 주관적으로 해석되어야 한다는 것을 추론하는 것에 반대한다. 왜냐하면 설혹 우리가 기초적인 과정들 예를 들어 주사위 게임의 과정을 정확하게 따라갈 수 있다고 하더라도, 우리는 주사위의 각 면이 갖는 동일한 확률 이외의 다른 기초 위에서 전체 과정에 대해 계산하지는 않을 것이다. 이와 유사하게, 만약 우리가 모든 기체 분자의 경로에 대한 정확한 지식을 갖고 있다고 하더라도, 우리는 여전히 기체가 낮은 엔트로피 상태에서 높은 엔트로피 상태로 이행한다는 사실을 우리의 계산의 기초로 삼을 것이다. 왜냐하면 경험은 확률 해석이 실재에 의해 입증되었음을 보여 주기 때문이다. 따라서 볼츠만의 원리는 우리가 더 정확하게 알지 못한다는 것을 주장할 뿐만 아니라, 그럼에도 그 자신의 고유한 내용은 옳다는 것을 주장한다. 확률 법칙들을 사용함으로써 우리가 자연에 대한 정확한 주장들을 하는 데 성공할 수 있다는 것은 우리가 여기서 지식의 결여보다는 더 나은 무엇인가를 다루고 있고, 대신 우리가 확률 개념 속에서 지식의 매우 능동적인 형식을 가지고 있다는 것에 대한 증명이다. 왜 우리는 대략적으로 에르고딕 가설에 대응하는 조건들이 정확하게 동일한 확률을 갖는다고 서술하는가? 그리고 왜 우리는 편중된 주사위와 참된 주사위 사이를 구분하는가? 불충분한 근거의 원리로부터는 아무것도 도출되지 않는다. 분명 우리에게는 참된 주사위의 한쪽 면을 선택할 근거가 없지만, 이러한 사실은 여전히 우리에게 모든 주사위의 면들이 동일한 확률을 갖는다고 선언할 수 있는 근거를 제공해 주지 않는다. 이와 반대로, 우리는 주사위의 균질적인 구성과 같은 매우 긍정적인 기초 위에서 동일한 확률을 주장하는 것으로 유도된다. 만약 예비적인 유예 실험들을 통해서 주사위의 중력 중심이 중앙에 있지 않다는 것이 증명된다면, 우리는 분명 모든 주사위의 면들이 동일한 확률을 갖는다고 주장하지 않을 것이다. 아주 명확한 원리들에 부합하여 우리는 특정한 사례들을 동일한 확률을 갖는 것으로 선택하고, 이 가정이 경험의 시험을 견딜 것이라는 입장을 표현한다. 그러면 확률의 법칙들은 객관적인 특성을 갖게 된다. 오직 확률의 객관적 이론만이 물리적 사실들을 올바르게 다룰 수 있으며, 자연에 대한 통계적인 법칙들을 주장하는 것 아래에 있는 전제들을 밝히는 것이 이 이론의 임무일 것이다.

지금까지 확률의 객관적 이론은 광범위한 수용을 얻었다. 가장 주목할 만한 것은 E. 카일라와 R. 폰 미제스가 최근의 저술에서 이 이론을 수용했다는 것이다. 다른 한편,

J. M. 케인스는 확률의 주관적 이론을 더 발전시켰다. 아래에서 우리는 객관적 이론의 결과들을 간략하게 제시할 것이다.

확률 분포에 대한 검증을 위한 가정들은 대략 두 가지 유형으로 나뉘는데, 이들은 **인과적 요소들**과 관련되는 것과 **확률적 요소들**과 관련되는 것이다. 우리는 룰렛 게임의 예를 이용해서 이를 설명할 수 있다. 붉은색과 검은색의 동일한 빈도에 영향을 미치는 인과적 요소들은 두 영역의 동일한 크기, 이 영역들의 동일한 수 및 기제의 전체적인 배열이다. 그러나 이들만으로는 결코 동일한 분포를 귀결시킬 수 없다. 왜냐하면 확률에 대한 전제가 반드시 제시되어야만 하기 때문이다. 이 사례의 경우, 이와 같은 조건은 다음과 같은 가정에 의해서 충분히 충족될 수 있다. 2π의 곱으로 표현되는 눈금의 회전각의 모든 값들 Ω의 빈도가 임의적인 형식의 연속적인 확률 함수 f(Ω)에 의해서 규제된다. 만약 우리가 곡선 f(Ω)를 직교 좌표계에서 기술한다고 상상한다면, 붉은 영역과 검은 영역은 동일한 너비 df(Ω)를 갖는 좁은 띠들로 좌표들을 분리하는 데 영향을 미친다. 그러면 붉은 영역에 이동할 확률은 1, 3, 5 등의 합과 같아질 것인 반면, 검은 영역에 이동할 확률은 2, 4, 6 등의 합에 대응할 것이다. 왜냐하면, f(Ω)의 연속적인 본성으로 인해 임의의 서로 인접한 두 띠는 거의 같은 크기를 가지며 이러한 합은 대부분 서로 같기 때문이다. 따라서 동일한 확률을 갖는 사례들은 인과적 요소들이 확률의 법칙과 상호작용한 결과이며, 이때 인과적 요소들은 그 자체로는 확률들의 동일성에 대한 그 어떤 가정도 포함하고 있지 않다. 그러면 인과적 요소들의 유일한 역할은 확률들의 분포에 명확한 형식을 주는 것이다. 영역들의 동등성은 붉음과 검음이 동일한 빈도로 일어나게끔 만든다. 다른 한편, 만약 붉은 영역이 검은 영역에 비해 두 배 컸다고 한다면, 이러한 인과적 요소는 동일한 확률 함수 f(Ω)와 함께 붉음이 검음보다 두 배 더 자주 일어나게 만든다. 이는 전제된 사항들로부터 즉각적으로 명백하다. 특정한 상황에서 인과적 요소들은 또한 f(Ω)으로부터 연역된 확률 함수 φ(w)가 f(Ω)의 형식과는 독립적으로 아주 명확한 형식을 갖게 만든다. 따라서 룰렛 게임에서 'φ(w) = 일정'이라는 확률 함수는 지시자의 회전각 w(2π의 범위에서)에 대해서 적용된다.

여기서 제시된 구분은 확률의 문제에서 핵심적이다. 계량적인 확률 주장은 위상적인 것으로 환원되었다. 유일하게 요구된 진정한 확률 공리는 확률의 법칙이 존재하며 이 법칙의 특수한 형식은 인과적 요소들로 환원될 수 있다는 것이다. 따라서 우리는 동일한 확률의 사례들에 대한 설명을 제공했다. 룰렛 게임에서의 붉음과 검음과 같이(또는 주사위의 면들, 주사위에 대한 증명은 룰렛 게임을 위한 증명과 같은 방식으로 제시될 수 있다) 특정한 대칭적 사례들이 동일한 확률을 갖는다는 주장에는 그 어떤 혼란스러운 측면 또는 신비로운 특성도 없다. 왜냐하면 이제 우리는 이를 설명할 수 있기 때문이다. 이제 우리는 불충분한 근거의 원리가 갖는 의미 없음에 대해 분명하게 인지할 수 있다. 우리가 확률의 동일성을 주장하는 것은 우리가 아는 게 없어서가 아니라, 정확히 우리는 구간 dΩ가 동일해야 함을 알기 때문이다. 대칭성은 시험 가능한 인과적 요소이며, 만약 위상적 확률 가정이 타당하다면 확률 분포의 특정한 계량을 반드시 생산한다.

역으로 우리가 주어진 통계로부터 즉 관측된 특정한 형식의 확률 분포로부터 이러한 특정한 형식을 초래하는 명확한 인과적 요소의 존재를 추론할 수 있는 것, 예를 들어 주사위의 한쪽 면의 빈번한 빈도로부터 중력 중심이 중앙에 있지 않다는 사실을 추론하는 것은 이와 같은 확률 요소들과 인과적 요소들로의 이분법에 기초한다. 이는 물리학과 다른 과학, 예를 들어 사회적 통계학에서 가중된 효과들로부터 원인들의 존재를 탐지하는 데 통계학을 사용하는 것에 대한 정당화다. 관측된 분포는 무작위한 분포의 확률 법칙과 인과적 요소들 사이의 상호작용으로부터 비롯된다. 이들 그 자체를 보면, 인과적 요소들은 결코 통계적 규칙성을 초래하지 않는다. 오직 확률 법칙과의 연계 결과로서 특정한 분포를 결정할 수 있고, 그 결과로 특정한 분포로부터 인과적 요소들을 알 수 있다.

공리적 탐구를 통해 통계적 법칙들 근저에 있는 가정들 중에서 엄격하게 확률적인 가정들을 인과적 가정들과 구분하는 것은 중요한 임무다. 오늘날까지 이와 같은 임무는 오직 소수의 영역에서만 수행되었다. 예를 들어, 앞서 언급했던 연속적인 확률 함수의 존재에 대한 가정은 우연의 게임과 오차 이론을 위해서 충분함이 증명되었다. 후자는 특별히 주목할 만하다. 가우스 지수 함수는 특별한 형식의 확률 함수로서, 이 함수 자체를 하나의 공리로서 전제할 필요가 없으며 기초 오류의 사례에서의 하나 또는 다른 형식의 확률 함수로 환원될 수 있음을 증명할 수 있다. 동일한 질서의 크기에 대한 다수의 기초적인 오차들이 서로 상호작용한다고 전제했을 때 그러하다. 이는 가우스 함수에 대해, 앞서 제시한 룰렛 지시자에 의해 기술된 함수 φ(w)에 대해 성취한 것과 유사한 것을 성취한다. 지수 함수의 계량적 확률 가정은 위상적 확률 가정으로 환원되며, 우리는 동일한 확률을 갖는 사례들에 대한 설명을 제시한 셈이다.

기체들의 운동학 이론과 관련하여 우리는 에르고딕 가설과 연계되어 수행된 탐구를 논의해 보자. 이 가설 역시 만족스럽지 않은데, 왜냐하면 이는 확률 함수의 명확한 형식을 전제하고 있기 때문이다. 이 가설은 기체 상태의 빈도가 특정한 함수 $f(x_1, \cdots, x_n)$에 의해서 이른바 에르고딕 밀도에 의해서 주어진다고 주장한다. 이때 $x_1, \cdots, x_n$은 상 공간의 에너지 표면 위에 있는 계의 정준 매개변수들을 지시한다. 따라서 만약 우리가 이러한 계량적 확률 가정을 순수하게 위상적인 확률 가정과 부가적인 인과적 요소들로 나눌 수 있다면 이는 가장 도움이 될 것이다. 이는 논의하고 있는 사례에 특수한 형식을 정확하게 제공한다. 이와 같은 종류의 탐구가 E. 질셀과 R. 폰 미제스에 의해서 제시되었다. 질셀은 엔트로피 원리와 연관된 인식론적 문제를 분명하게 제시하고 에르고딕 가설을 알로고딕 가설로 대체했는데, 이 가설은 자연 속의 변화를 향한 경향을 공식화한다. 이와 같은 노력의 성공 범위를 결정하기 위해서는 추가적인 연구가 요구되는데, 이는 '적용의 문제'에 대한 질셀의 이전 논문에서 제시된 기초적 개념에 대한 특별한 설명을 포함한다. 폰 미제스의 연구는 특별한 계량적 확률 분포를 기초 확률들로부터 도출된 것으로서 제시하는 개념을 다루는데, 이 기초 확률들의 수치적 값은 비물질적이다. 이와 같은 과정이 성공하는 한, 이 또한 계량적 확률 가정을 위상적인 것으로 환원하는 것을 성취하게 된다. 그러나 불행히도 에르고딕 가설에 대해

이 원리를 실행하는 일이 아직까지는 완전한 성공을 이루지 못했다.

이와 같은 특수한 탐구와는 아주 독립적으로, 우리는 확률 법칙들이 인과성의 모형 아래로는 포섭될 수 없는 자연 속 규칙성에 대한 특정한 모형을 포함하고 있다는 것을 인지할 수 있다. 특정한 자연 현상의 경우, 우리가 이 현상을 확률 법칙들을 통해 기술하지 않는다면 완전히 이해할 수 없을 것이다. 구체적으로 말해 이는 분자들 및 이들의 대응물들의 역학에 적용될 뿐만 아니라, 폰 미제스에 따르면 이와 같은 본성을 가진 현상은 거시적인 물체들 특히 유체들의 흐름 속에서도 나타난다. 그 결과로서 확률 원리는 인과성의 원리와 나란한 위치에 있는 하나의 독립적인 원리인 것처럼 보인다. 오직 이 두 원리를 결합해야만 물리학의 규칙성과 관련한 일반적 가정을 구성할 수 있다. 인과성이 시간의 단선적 방향 속에 있는 사건의 확장과 관련된 주장을 한다면, 확률의 원리는 사건들의 시간적 교차에 대한 주장, 인과적 사슬들의 초기 및 경계 조건들의 빈도에 관련된 주장을 한다. **규칙적 분포의** 원리로서의 확률 원리는 **규칙적 연결의** 원리로서의 인과성과 나란히 그 위치를 차지하는 것이다. 이러한 분포의 원리를 정확하게 공식화하는 것은 특별한 연구를 필요로 한다. 만약 주어진 확률 함수의 원리가 모든 사례에서 충분한 가정임이 증명될 수 있다면, 분포 원리의 중요성은 서로를 오직 미분적으로 차별화하는 조건들은 동일하게 자주 나타난다는 데 있다.

자연의 규칙성을 인과성과 확률로 나누는 것은 자연 속 사건들의 범주화와 대응하고, 이것의 의의는 많은 경우 오해되고 있다. 항상 우세한 요소들만이 사건들 속에서 인과적인 요소들로서 두드러지게 나타나지만, 이와 더불어 우리는 우주의 모든 곳에서부터 오는 미세한 영향들이 소진될 수 없는 잔여물임을 발견한다. 이러한 영향들은 배제될 수 없는데, 왜냐하면 닫힌계는 구현될 수 없기 때문이다. 그 결과 모든 사건은 이성적으로 이해 가능한 요소들에 더해 비이성적인 잔여물에 의해 결정된다. 이러한 잔여물은 추가적으로 분리될 수 있을지라도 결코 소진되지 않는다. 많은 경우 후자의 영향은 자연의 인과적 법칙들이 모든 사례들에서 오직 특정한 경계 내에서만 타당하다고 간주함으로써 제거될 수 있다고 여겨진다. 그러나 이러한 관점은 옳지 않다. 언젠가 비이성적인 잔여물이 임의적인 크기의 오류를 초래할 가능성을 무시하는 것은 불가능한 일이다. 인과성은 이러한 가능성과 상충되지 않으므로, 이 가능성은 무시될 수 없으며 오직 확률이 낮다고 선언될 수 있을 뿐이다. 따라서 비이성적 잔여물의 영향 즉 오차 이론의 기본 원리는 오직 하나의 확률 가정에 따라서 공식화될 수 있을 뿐이다. 비이성적인 잔여물은 모든 이성적 요소들이 확률의 법칙들에 종속되는 방식으로 사건들에 영향을 미친다. 그러면 확률의 원리는 모든 발생들의 비이성적 잔여물에 관련된 가정을 도출해 내며, 반면 인과성의 원리는 이성적 요소들에 관한 가정을 나타낸다. 오직 이 두 원리가 결합해야만 자연 속 사건들을 결정한다.

이는 모든 개별적 사건들에 적용되며, 인과성의 원리는 확률의 원리 없이는 쓸모가 없을 것이라고 말하는 것은 옳다. 왜냐하면 오직 인과성의 원리만이 적용 가능하고 그렇기에 그 자체로서 예측적 힘을 갖는 사례란 존재하지 않기 때문이다. 이 지점에서 우리는 8절에서 물리적 진리 개념을 특성화하는 데 우리를 안내했던 일련의 개념들과 마주친다. 물리적 진리 개념은 자연에 대한 모든 지식이 오직 근사로서의 본성을 갖고 있음을 고려한다. 각각의 개별적인 사례에서의 인과성과 확률의 이와 같은 상호작용에 더해, 만약 우리가 엔트로피의 원리와 같은 물리학의 특수한 통계적 법칙들을 인정한다면, 이는 확률 규칙성이 그것의 보편적인 영향과 더불어 특정한 사례들 속 특정한 관계들의 결과로서 두드러지게 분명한 표현을 찾기 때문이다. 다시 한번 룰렛 게임의 예를 고려해 보자. 만약 우리가 룰렛 지시자의 역학을 적용한다면, 확률 함수 f(Ω)는 회전각에 대한 계산 값의 오차 이론을 고정할 수 있는 우리의 능력 속에서 스스로를 표현할 것이지만, 만약 우리가 룰렛 바퀴의 우연에 관한 게임을 한다면 우리는 동일한 붉고 검은 영역과 같은 특정한 인과적 요소들을 통해서 동일한 확률 함수 f(Ω)를 통계적 법칙으로 변환하는 상황을 만들게 된다. 이때의 통계적 법칙은 자연의 규칙성의 한 특수한 형식으로서 인과적 규칙성과 나란한 자리를 차지하는 것이다.

통계적 규칙성에 대한 이러한 해명에도 불구하고 확률 개념은 여전히 특수한 퍼즐을 포함하고 있다. 우리는 확률 함수의 원리를 이용해서 통계적 법칙들의 확률 개념을 물리학의 모든 인과적 주장에서 발견되는 것으로 환원한다. 그러나 확률 개념 그 자체는 여전히 이 과정에 의해 완전하게 명료화되지 않았다. 확률의 법칙성이 자연 지식의 필수적 조건임을 증명할 수 있는 반면, 이는 왜 확률 법칙이 적용되는지를 진정으로 설명하지는 않는다. 왜냐하면 우리에게는 자연 지식이 지금까지 가능했다고 하더라도 항상 가능할 것임을 증명할 수 있는 수단이 없기 때문이다. 확률 개념에 수반되는 전제들의 공식화에 대한 논의를 위해서 우리는 7절에서의 논의를 참조해야 하는데, 우리는 이전에 7절에서 이 문제를 다룬 적이 있다.

우리가 인과적 규칙성과 확률 규칙성의 서로 병행하는

본성을 발전시켜 왔음에도 불구하고, 분석을 좀 더 확장할 경우 이러한 병행이 포기되고 확률의 개념이 둘 중 더 근본적인 것으로 간주되는 상황을 상상하는 것이 가능하다. 이에 따르면 인과적인 과정들은 오직 거시적인 과정들에서만 귀결된다. 이러한 연관 속에서 엔트로피 법칙의 진화를 고려해 보자. 이 법칙은 원래 열역학에서 순수하게 인과적 법칙으로서 나타났지만, 이후의 발전 과정에서 이 법칙은 자신을 통계적 법칙으로서 드러냈다. 다수의 기초적인 과정들이 상호작용하는 거시적 형식으로서 나타난 것이다. 우리는 모든 인과적 법칙들의 운명이 이와 같음이 드러날 가능성을 배제하지 못한다. 사실상 양자 이론에서의 최근 상황은 과학철학자들에 의해 그 이전에 표명되었던 이 추측을 현실로 만들었다. 물론 그 어떤 선험적 선언도 가능하지 않다. 우리는 반드시 물리적 경험의 판단을 기다려야만 한다(24절 참조).

어떤 경우에도 그러한 발전이 물리학의 실패, 즉 우리의 자연 지식의 정확성의 만족스럽지 못한 결여로서 여겨져서는 안 된다. 확률 법칙들이 인과적 법칙들에 비해 '덜 정확한' 것이 아니다. 실재에 대한 적용에서 모든 단일한 인과적 법칙은 통계적 법칙들에서 찾을 수 있는 바로 그 확률 개념을 포함하고 있다. 자연 지식에서 확실성이란 존재하지 않는다. 오직 확률만이 있을 뿐이다. 인과성이 통계보다 우위에 있는 것은 단지 개별적 사건에 높은 정도의 확률을 부여한다는 것뿐이다. 이에 반해 통계는 오직 사건들의 확장된 계열에 대해서만 높은 정도의 확률로 예측할 수 있다. 우리는 원자 영역에서의 전체적 실재로부터 높은 정도의 확률을 갖는 개별적 사건들을 선별해 내는 것이 항상 가능할지의 여부를 예측할 수 없다. 왜냐하면 이는 실재의 본성에 의존하기 때문이다. 자연 속 관계들은 우리의 바람들에 종속되지 않는다. 정확성에 대한 우리의 개념들이 얼마나 매력적인지와 관계없이, 이들의 적용 가능성은 우리의 통제 아래에 있지 않다. 우리가 할 수 있는 최선은 우리의 개념적 체계를 수정하여 이 체계가 자연을 가장 믿을 만하게 반영하도록 만드는 것이다. 오직 미래의 발전만이 어느 정도까지 이것이 가능하며 이와 같은 '믿을 만한 반영'이 결국 무엇으로 구성되는지를 우리에게 알려 줄 것이다.

제23절 직관적 모형들의 의의

이전까지의 논의에서 우리는 물리적 지식의 논리적 구조의 관점으로부터 물리적 지식의 방법을 분석했다. 우리는 탐구의 과정과 이해의 과정 모두에서 일반적으로 물리학자에게 가치 있는 도움을 주는 것으로 여겨지는 직관적 모형들에 대해서는 그다지 큰 주의를 기울이지 않았다. 이제 우리는 이러한 직관적 모형들에 대해 논하고자 한다.

우선 시간과 공간의 모형들을 고려해 보자. 시공간 개념들에 대한 작업은 항상 이 개념들에 대한 직관적인 상들을 동반하는데, 우리의 이전 논의에 따르면 이러한 동반은 우리가 시간과 공간의 개념적 체계들을 가지고 연산을 할 때마다 우리 앞에는 우리가 강체 막대, 빛 광선, 인과적 과정을 접할 때의 지각적 경험들에 대한 상들을 갖는다는 것만을 의미한다. 그렇다면 유클리드 기하학과 절대적 시간의 본성은 이들로부터의 편차가 일상의 경험 즉 낮은 수준의 사실들에서 정확하게 드러나는 것이 실패한다는 사실에 기초한다. 그 결과로 우리는 이러한 개념적 체계들에 익숙해져 있고 추상적인 수학적 사고가 심리학적으로 더 쉽다는 것을 발견한다. 만약 우리가 우리의 지각적 경험 속에서 적절한 그림들을 상기할 수 있다면 말이다.

그러나 직관적인 모형들은 물리학의 다른 곳에서도 발견된다. 열역학적 다이어그램 또는 전기관의 특성들은 직관적 모형들이며, 열역학적 기계 또는 전기관을 다루는 그 누구도 이 다이어그램의 직관적 상을 자신의 앞에 두게 되며, 따라서 그의 기술적 조작을 이론적이지만 직관적인 내용으로 채우는 것이다. 이러한 연관에서 우리는 또한 원자, 분자, 결정에 대해서 모형들이 구성됨을 주목해야만 한다. 겸손한 용어인 '모형'을 사용함으로써 우리는 상이 모든 측면에서 실재와 대응하지 않으며, 이러한 사례들에서 직관적인 상들을 생성해 내는 것이 어떤 범위까지 가능한 것인지는 의문의 여지가 있다고 간주한다는 것을 지시한다.

우리는 이 상들의 유비적 특성을 알고 있으며, 그와 같은 상들을 사용하는 것을 피할 수는 없어 보인다. 사실 직관적인 모형들을 얻는 것이 이론적 지식의 필수적인 구성성분이라는 입장을 갖고, 직관적인 모형들에 수학적 공식화보다 더 큰 의의를 부여하는 물리학자들이 있다. 역으로, 다른 물리학자들은 수학적 공식화를 가장 강조하고 직관적 공식화는 학습을 위한 보조물일 뿐 그 자체는 그 어떤 인지적 가치도 갖지 않는다고 여긴다. 이제 우리는 우리가 지금까지 발전시킨 인식론적 개념들이 어떤 범위까지 이러한 견해들에 새로운 빛을 비춰 주는지를 고려해야만 한다.

우리는 우리가 자연에 부여하는 개념들과 관계들의 체계가 그 자체로 존재하는 것으로서, 자연에 대한 사진으로서 해석될 수 없다는 것, 단지 그것의 질서 유형에 의해 객관적인 상황들을 지칭할 따름이라는 것을 안다. 따라서 오직 몇몇 측면들에서만 자연을 반영하는 모형들을 사용하는 것에 대해서는 반대할 이유가 없다. 왜냐하면 완전한 일치는 불가능한 요구일 것이기 때문이다. 그러나 우리는 여전히 앞서 언급한 모형들 속에 포함되어 있는 것이 무엇인지를 좀 더 철저하게 탐구해야만 한다.

예를 들어 열역학적 p-v 다이어그램을 고려해 보자. 압력과 부피는 좌표들로서 주어진다. 각각은 공간의 한 차원과 동등화된다. 그러면 압력과 부피 사이의 열역학적 관계는 두 공간 차원들 사이의 기하학적 관계와 대응할 것이고, 만약 우리가 이 관계에 대한 분명한 상을 갖기를 바란다면 우리는 더 이상 압력과 부피 같은 개체들을 기초로 사용할 필요가 없고, 공간적 요소들의 직관적 내용을 통한 관계를 만족시킬 수 있다. 이제 압력과 부피는 분명 그 자체로서 직관적 개념들이지만, 순수하게 기하학적인 개념들은 우리에게 친숙하지 않다. 특히 관계가 더 복잡한 특성을 가지고 있을 때 그러하다. 여기에 기하학적 다이어그램의 가치가 있다. 그러나 이것을 구성하는 가능성은 동일한 '관계들의 틀'이 압력과 부피라는 개체들과 공간의 차원들 모두에 적절하다는 사실에 의존한다. 기하학적 공리들의 체계가 점과 직선과 같은 직관적 요소들의 사용을 필수적으로 제시하는 것은 아니라는, 다수의 다른 요소들에 의해서도 동등하게 만족될 수 있다는 공리적 수학의 발견은 물리학의 다이어그램에서 광범위하게 사용되고 있다.

명백하게도 기하학을 물리적 공간에 적용하는 것은 기하학적 공리들을 만족시키는 강체 물체들의 특정한 특성들에 의존한다. 앞서의 결과들에 이를 더한다면, 우리는 p-v 다이어그램이 실재의 두 영역 즉 한편으로는 압력과 부피라는 개체들과 다른 한편으로는 강체 물체들의 영역 사이에 유비가 존재함을 주장한다는 것을 발견한다. 이 유비는 실재의 두 영역들에 동일한 관계들의 틀이 타당함을 구성한다.

문제가 되는 과정이 한 영역에 대한 직관적인 상을 제공한다는 것은 오직 다른 영역이 더 친숙하다는 사실로부터만 비롯될 수 있다. 이는 특히 유비를 통해 높은 수준의 사실들이 낮은 수준의 사실들을 통해 나타날 때 적용되며, 따라서 이는 직관적인 모형들의 구성에서 가장 흔하게 사용되는 절차다. 왜냐하면 항상 일상생활에서 우리는 오직 낮은 수준의 사실들만을 다루며 우리는 수반되는 습관을 직관적인 것으로 경험하기 때문이다. 가끔씩 이 관계는 역전될 수 있는데, 한 개인의 활동이 특정한 높은 수준의 사실들에 대한 더 큰 친숙함을 도출할 수 있기 때문이다. 이러한 이중적인 가능성의 예는 전기장의 법칙들과 유체 내의 흐름들 사이에서의 유비에서 찾을 수 있다. 이 유비는 위에서 제시한 기술에 완전하게 들어맞는다. 실재의 두 영역은 동일한 개념적 관계들에 의해서, 이 경우 방정식들에 의해서 통제된다. 따라서 물의 흐름을 경유하여 전기장을 '직관'하는 것은 흔한 일이다. 그러나 전기적 도구를 광범위하게 다루지만 수력학과는 거의 관계가 없는 사람은 이 관계를 역으로 하여 전기적 모형들을 사용함으로써 수력학적 과정을 '직관'한다.

다이어그램의 단순한 유비적 본성이 너무나 잘 알려져 아무도 p와 v가 공간적 좌표가 되어야 한다거나 열역학적 일이 평면상의 일부분이 되어야 한다고 믿지 않지만, 원자 모형과 관련해서는 상황이 다르다. 이 경우 연결은 더 밀접한 것으로 여겨지는데, 왜냐하면 원자 그 자체는 모형과 같이 공간 속에 있는 하나의 개체이며, 몇몇 사람들은 의심 없이 모형이 큰 규모에서의 유사한 표상이라고 믿기 때문이다. 그럼에도 우리가 이 예에서 갖는 것은 전과 동일한 의미에서 실재의 두 영역 사이의 단순한 유비다. 모형은 강체 물체들과 철사들로 구성된다. 원자는 공간 속에서 존재하기는 하지만 강체 물체들로 구성되는 것이 아니라 그 반대로 그 자체가 강체 물체의 구성 성분이다. 그럼에도 불구하고 만약 우리가 이러한 연결에서의 유사성을 말한다면, 우리는 오직 동일한 관계들의 틀이 거시적 물질과 원자적 물질에 적용된다는 것을 의미할 뿐이다. 모형은 원자에 대한 '사진과 같은 확대'가 아니다. 오히려 둘 사이의 관계는 물 흐름과 전기장 사이의 관계와 같은 종류의 것이다.

이러한 유비적인 특성으로 인해 다이어그램과 모형은 오직 특정한 제약들 내에서만 옳을 수 있다. 우선 실재의 두 영역의 개념적 구조들 사이의 완전한 일치는 당연히 기대하기 어렵다. 바로 이러한 이유 때문에 물리학자들은 자신들의 모형들에 관한 많은 금지사항들을 덧붙여서 울타리를 만드는 것이다. 예를 들어 우리는 분자들이 모형에서 나무로 만든 공처럼 색깔을 갖는 것으로 생각해서는 안 되고, 화학적 원자가가 특정한 광선 방향으로 집중된 것으로 표상된다고 하더라도 실제로 그렇다고 생각해서는 안 된다. 유비는 오직 특정한 측면들에서만 타당하지만, 유비는 이 측면들에서는 타당한 게 맞고, 필수적인 제약들 아래에서 우리로 하여금 유비를 사용하는 것을 막을 수 없다. 기체를 먼지구름으로, 서로에 대해 회전하고 충돌하는 입자들로서 떠올리는 것이 잘못된 것은 아니다. 이러한 상은 분명 기체 물질의 몇몇 본질적인 측면들을 포착하며, 우리는 그와 같은 측면들을 사용할 때 이들이 기체에 전이되지 않도록 조심하기만 하면 된다. 따라서 모형들이 과도한 부가물이라는 개념은 너무 회의적이다. 만약 유사한 영역의 관계들의 구조를 통한 유비, 예를 들어 충돌하는 당구공들의 유비를 이용해서 우리가 기체의 영역과 같은 친숙하지 않은 영역의 관계들의 구조를 발견할 수 있다면, 관계들의 구조를 새로운 영역으로 동등화하는 것은 최소한 일반적인 측면에서 올바르게 수립된 결과다. 유일한 오류는 새로운 영역에 이 영역에서는 의미를 갖지 않는 너무 많은 세부적 사항들을 도입하는 것이다(예를 들어, 분자들의 충돌에 관한 볼츠만의 표현을 들 수 있다).

다른 한편, 우리가 친숙한 모형들에 우리를 제한해야 한다고 선험적으로 요구하는 것은 완전히 불가능하다. 한 모형이 일반적인 측면들에서는 옳지만 우리가 다루어야만 하는 세부적 사항들에서는 심각하게 실패하여, 이들을 이해하기 위해 원래의 모형과는 전혀 관계가 없는 전적으로 다른 모형들을 다루어야만 하는 상황이 쉽게 발생할 수 있다. 일단 우리가 모형이란 실재의 두 영역 사이의 유비라는 사실을 분명히 파악한다면, 이 현상은 전적으로 이해할 수 있게 된다. 이러한 논점은 특히 원자 모형의 사례에 적용된다. 많은 경우 일상적인 종류의 원자 모형을 구성하는 것이 항상 가능해야 하며, 우리는 모형의 나무 공들 사이의 관계들이 분자 속 원자들 또는 원자 속 전자들 사이의 관계들과 정확하게 대응할 때까지 이러한 모형을 수정해야 한다는 견해를 제시한다. 그러나 이 관점은 기하학적 관계들이 강체 물체들에 독립적이므로 따라서 이 관계들이 가장 미세한 영역들에서도 동일하게 타당해야만 한다는 가정에 의존한다. 이러한 가정은 정당화되어 있지 않다. 원자 영역에서의 관계들이 완전히 달라서, 아주 많은 제약들을 도입하더라도 이 관계들을 강체 물체의 기하학적 관계들에 동등화하는 것이 더 이상 불가능할 가능성이 충분히 있다.

양자역학에 관한 경험은 사실상 이것이 실제 상황이 아닐까 하는 의심을 불러일으키며, 보어는 다음과 같은 견해를 피력했다. "… 양자역학의 일반적인 문제에서… 우리는 지금까지 자연 현상을 기술하기 위해서 항상 찾았던 시공간적 모형들의 심오한 실패에 직면해 있다." 이러한 주장은 여기에서 기술된 의미에서 이해되어야 한다. 이 주장은 거시적인 영역의 관계들의 논리적 틀과 원자적 물질 영역의 관계들의 논리적 틀이 더 이상 비교 가능하지 않음을 의미할 수 있을 뿐이다.

그러나 여기서 공간적 직관의 상실에 대해서 이야기하

는 것은 오류일 것이다. 물리학자들은 모든 제약들에도 불구하고 하나의 모형이 충분하지 않음을 발견하는 경우, 대개 이들은 그 이후 어떤 직관적 모형 없이 진행해 나가야만 한다고 결정한다. 그러나 조금 시간이 지나면 문제가 되는 영역에 다시 직관적인 형식을 부여한다. 단순히 이 영역을 새로운 모형들과 동등화하고 다른 유비를 사용하는 것이다. 최근에 알려진 실재의 영역을 유비의 도움으로 직관적으로 만드는 이 방법은 매우 성과가 있음이 증명되었으며 이는 인간 사고의 심리학적 본성에 깊이 뿌리내리고 있음이 분명하다. 이는 유비의 방식으로 새로운 요소들을 오래된 요소들과 관련지음으로써 사고의 영역을 확장할 수 있게 하는 유일한 방법인 것이다.

다른 한편, 우리가 모형들에 과도하게 큰 인식론적 가치를 부여해서는 안 된다는 것이 분명하다. 주로 우리는 새로운 지식을 흡수하는 과정에서 모형들을 필요로 한다. 일단 우리가 어느 정도 시간을 들여 새로운 영역을 다루고 나면, 우리는 새로운 요소들 그 자체를 개념적인 관계들의 내용으로서 다룰 수 있을 정도로 충분히 친숙해지고 더 이상 모형의 도움을 받아 이들을 직관화할 필요가 없게 된다. 한 모형의 유일한 인식론적 가치는 실재의 두 가지 다른 영역들 사이에 동일한 개념적 관계들이 적용된다는 사실에 있다. 이들 중 어떤 것이 기초적으로 직관적인 것으로 간주되어야 하는지는 습관의 문제다.

자연과학에서 우리는 앞서 언급한 바 있는 허용 가능한 모형들뿐만 아니라 허용 가능하지 않은 모형들도 발견한다. 예를 들어 우리는 우리의 근육을 당길 때 느끼는 힘의 느낌과 같도록 물리적 힘을 직관적으로 만들 수 있고, 우리가 특정한 상황에서 우리 몸을 움직일 때 우리가 갖는 운동의 느낌을 상상함으로써 운동의 개념에 직관적인 형식을 제공할 수 있으며, 인과적 사슬을 일종의 신비로운 존재로 생각할 수 있다. 그와 같은 모형들은 의인화의 형식들에 지나지 않고, 자연 속 사건들이 우리가 우리 안에서 발견하는 심리적이고 경험적인 사건들과 같은 방식으로 생각되어야만 한다는 완전히 의미 없는 가정에 의존한다. 이러한 종류의 '직관들'은 과학적 이해를 위해서는 오히려 해로울 뿐이다. 사실상 우리는 그와 같은 원시적인 개념들이 극복된 이후에야 비로소 정확한 자연과학이 가능해진다고 올바르게 선언할 수 있다. 앞선 탐구들이 보여 준 바 있는 것처럼 자연에 대한 지식은 개념적 체계를 실재와 동등화하는 것을 의미하며, 순수한 논리적 개념들에 지나지 않는 것들은 관계들의 체계 내에서만 허용되어야 한다. 자연에 대한 이와 같은 방식의 이해가 불충분하다고 생각하는 사람은 시와 회화에서 만족을 찾을 수 있다. 이러한 활동들은 인간의 감정적 경험들을 잘 다루기 때문이다. 그러나 엄격한 형식의 자연과학을 추구해 보고 이 안에 깊이 침잠해 본 적이 있는 사람은 누구나, 자연과학에도 경험이 있어 자연에 대한 예술적 향유로부터 비롯되는 강도 또는 깊이에 못지않다는 것을 알게 된다. 이는 논리적 명료성의 순수한 대기 아래에서만 완전히 그 빛을 발하는 경험이다.

제24절 양자역학에서의 인식론적인 상황

지난 몇 년 동안 이 새로운 분야의 확장은 이에 따른 인식론적 문제들에 대한 특별한 요약을 필요로 한다. 왜냐하면 이 이론에서 인식론적 관점이 중요한 역할을 하기 때문이다. 우리는 세 부류의 문제들을 구분할 수 있다. 매개변수들의 최소화 문제, 모형의 문제, 규칙성의 문제가 바로 그것이다.

첫 번째 부류의 문제는 양자역학에 대한 하이젠베르크의 첫 번째 논문에서 제시되었다. 그는 이 논문에서 관측 불가능한 양들은 자연에 대한 기술에서 제외되어야 한다는 조건을 제시했다. 특히 그는 전자가 핵 주변을 회전하는 상을 관측 불가능한 양으로서 언급했고, 방출된 복사의 진동수와 강도만을 관측 가능한 양들로서 인정했다. '관측 가능하지 않다'라는 용어는 아주 잘 선택된 용어가 아니다. 왜냐하면 우리는 9절에서 사실들을 그 수준에 따라서 서열화한 우리의 논의를 통해, 그 어떤 물리적 양도 직접적으로 관측 가능하다고 불릴 수 없음을 알기 때문이다. 사실상 방출된 빛의 진동수는 실제로 '관측'되는 것이 아닌데, 왜냐하면 사진 건판의 밝고 어두운 선들로부터 복잡한 방식으로 추론되는 것이기 때문이다. 하이젠베르크의 개념은 다음과 같이 올바르게 재공식화되어야 한다. 그의 개념은 자연에 대한 기술에서 없어도 되는(entbehrlich) 양들은 제거되어야 한다는 규정, 즉 지각된 실험적 발견들에 대한 이론적 해석을 위해 필수적인 양들만을 자연에 의해서 실체화되었다고 간주할 수 있다는 규정이다. 이와 같이 공식화할 경우, 이는 과거에도 빈번하게 사용된 바 있는 물리적 탐구의 인지된 원리임을 알 수 있다. 예를 들어, 우리는 이와 같은 관점에서 절대적 공간에 대한 마흐적이고 아인슈타인적인 공격이 행해졌다고 볼 수 있고, 원자 이론에 대한 반대자들이 이 원리에 호소했음을 알 수 있다. 반대자들은 원자적 가설을 사용하지 않고서도 관측된 현상을 해석할 수 있다고 — 물론 이는 아주 잘못된 것이었지만 — 믿었던 것이다. 이 원리는 좀 더 정확하게 매개변수들의 최소화 원리라고 불러야 한다. 동일한 사실적 상황(즉 동일한 낮은 수준의 사실들)에 대한 두 개의 물리학 이론들 중에서 더 적은 수의 매개변수를 다루는 이론이 더 선호할 만하다는 것이다.

이 원리에 대한 정당화는 귀납적 추론의 본성과 관련되어 있는데, 이 추론은 엄격한 함축의 역으로서 간주될 수 있다. 만약 우리가 사건 C가 사건 A로부터 필연적으로 도출됨을 안다면, 역으로 우리는 C의 존재로부터 A의 확률적인 존재를 추론할 수 있다. 또 다른 예로, 사건 C가 사건

A와 B의 결합으로부터 필연적으로 도출된다면, 우리는 C로부터 A와 B의 확률적인 존재를 추론할 수 있다. 그러나 하나의 제약 조건이 반드시 제시되어야 한다. 만약 우리가 A와 ~B 또한 필연적으로 사건 C를 야기한다는 것을 안다면, 우리는 더 이상 C로부터 B를 추론할 수 없고 오직 A만을 추론할 수 있다는 것이다. 그러면 B는 없어도 되는 매개변수, 즉 나타나기는 하지만 헛되이 계산되는 매개변수가 된다.

우리는 이 최소의 원리가 '절약(경제성)의 원리'를 닮았지만 전혀 경제성과는 관련이 없음을 알 수 있다. 오직 확률 이론으로부터의 고려만이 여기서 역할을 담당한다.

우리는 여기서 이 원리를 회전하는 전자의 상에 적용하는 것이 얼마나 정당화되는지의 문제를 탐구하지는 않을 것이다. 그러나 하이젠베르크 자신이 자신의 초기 주장이 너무 포괄적이라고 간주하는 것은 분명하다. 왜냐하면 그는 최근에 전자의 위치를 결정하는 것을 허용하는 기본적 관측 방법을 기술한 바 있기 때문이다. 오직 스펙트럼 계열을 해석하는 경우에만 전자의 위치는 불필요한 매개변수가 되고, 다른 실험적 상황들에서는 그렇지 않다.

두 번째 부류의 문제 즉 모형의 문제에 대한 우리의 논의는 아마도 앞선 절에서의 논의와 연결될 수 있을 것이다. 앞선 절에서 우리는 원자 모형의 가능성 즉 거시적 관계들을 통해 원자의 내부를 시각화하는 것이 선험적으로 요구될 수 없음을 보였다. 여기서 우리는 그와 같은 직관적 모형의 적절성과 관련된 최근의 발견들을 제시하고자 한다.

모형에 관한 견해들은 상당한 정도로 변화해 왔다. 왜냐하면 이들은 수학적 이론들에 대한 해석을 포함하며 이는 우리가 살펴본 것처럼 이론과 함께 직접적으로 주어지는 것이 아니기 때문이다. 하이젠베르크, 보른, 요르단에 의해 정립된 행렬 역학은 모형의 구성을 원리적으로 피해야 한다는 관점을 취한다. 그럼에도 불구하고 운동학의 한 형식이 이 이론의 다른 측면들과 함께 발견되었으며, 그 이름에 의해 지시된 방정식들이 결국 시공간 사건들에 대한 숨은 상들을 향해 있는 것은 아닌지의 여부는 아직 열린 문제로 남아 있다. 다른 한편, 슈뢰딩거는 파동 역학을 통해 시공간 사건들에 대한 우리의 기초적인 상들을 유지할 수 있기를 희망했다. 그는 보어 모형과 연결되어 있는 어려움들을 추적하여 공간 안의 물질 배열과 관련된 잘못된 결론에 도달했다. 즉 그는 공간 속의 전자의 엄격한 위치와 관련하여 모든 과학이 갖는 불확실성을 추적하여 다음과 같은 사실에 이르렀다. 전자는 일종의 입자와 같은 구성물로서 존재하는 것이 전혀 아니고, 대신 핵 주위의 전체 영역을 채우는 하나의 장으로 간주될 수 있다는 것이다. 실로 이 해석은 온전하게 시공간 모형을 유지할 것이었다. 하지만 슈뢰딩거의 관점에서도 새로운 어려움들이 발생했는데, 그것은 파동 사건이 3차원 좌표들의 공간에 포함되어 있는 것이 아니라 더 높은 차원의 매개변수 공간에 포함되어 있다는 것이었다. 질점의 운동은 실제로는 전기장들의 간섭 과정이라는 그의 근본적인 개념에 대한 엄격한 해석은 매개변수 공간을 '실재하는 공간'으로서 재해석하도록 이끌었을 것이다. 이는 그 누구도 준비하지 못했던 결론이었다. 보른이 슈뢰딩거의 파동장은 전기 밀도의 요동이 아니라 핵 인근의 확률 상태의 요동이라는 개념을 발전시킨 이후, 전자는 입자와 같은 본성을 유지하게 되었고, 원자적 사건들에 대해 시공간 틀을 유지하기 위해 이와 같은 경로를 사용하려는 모든 희망은 사라졌다.

그러나 하이젠베르크는 원자의 시공간적 특성을 전체적으로 지지하는 고찰들을 발전시키기 시작했다. 충돌 실험들의 결과와 연계하여 그는 특정한 시각의 전자의 위치가 '감마선 현미경' 속의 전자를 관측함으로써 우리가 원하는 정도의 정확도로 수립될 수 있다는 개념을 제시했다. 이 개념에 따르면 원자적 사건들은 다시 한번 '모형의 특성'을 갖게 될 것이었다. 만약 하이젠베르크가 자연적 사건들의 양자적 특성의 본질적인 면모를 정확히 드러내는 하나의 복잡성을 지적하지 않았더라면 말이다.

가능한 한 가장 정확하게 위치를 결정하기 위해서 우리는 감마선과 같은 더 짧은 빛을 필요로 하지만, 이러한 종류의 빛은 높은 에너지 양자 hν를 갖고 따라서 그와 같은 빛을 전자에 비추면 전자는 자신의 궤도에서 이탈한다. 따라서 원자적인 영역 내에서 한 번 이상 자신의 경로를 따르는 동일한 전자를 관측하는 것은 불가능하다. 동시에 운동량의 불연속적인 변화가 있어 운동량의 정확한 계산을 불가능하게 한다. 다른 한편, 우리가 만약 긴 파장 빛의 복사를 선택할 경우 운동량은 큰 교란을 겪지 않겠지만 대신 위치의 결정은 비확정적이 된다. 일반적으로 우리는 정확하게 위치 또는 운동량을 결정할 수 있다. 이 관계는 하이젠베르크의 미결정성 관계로서 알려져 있다.

몇몇 학자들은 이러한 이상한 사태를 다음과 같이 특징짓고자 했다. 거시적 사건들의 상황과 대조적으로 관측 도구의 영향이 무시될 수 없다. 그러나 이러한 설명은 유지될 수 없다. 우선, 관측 도구의 영향은 온도 측정과 같은 거시적 관측을 설명할 때에도 고려되며 이는 교정 요소들이라는 형식으로 표현된다. '독립적 사건'과 '관측 도구'로 구분하는 것은 특정한 거시적 사건들로부터 비롯된 하나의 이상화이며 여기서는 전적으로 적용 가능하지 않다. 이 구분은 지식의 필수적인 전제가 되지 않고서도 자연에 대한 단순한 기술 획득에 유용함을 그 스스로 보여 주었다. 자연과학의 일반적인 절차는 지각들로부터 이론적 접근법들에 의해서 객관적 사물들의 존재를 추론하는 것으로 구성되며, 이는 6절과 9절에서 제시되었으며 6절의 (1) 속에서 도식적으로 표현된 바 있다. 객관적 사건의 일부를 '관측의 도구'로서 한쪽으로 제쳐 놓음으로써 지각의 결과들에 대한 이것의 영향을 인위적인 수단에 의해 최소화하는 것은 필수적이지 않다. 오히려 모든 객관적 영향들을 동등하게 포함하는 포괄적인 이론을 고안하는 것으로 충분하다.

양자역학에 적용했을 때 이 접근법은 다음과 같은 중요성을 갖는다. 관측을 위해 사용된 빛에 의한 전자의 교란은, 만약 이론적 계산과 빛의 충격을 고려함으로써 우리가 충격의 시작점에서의 전자의 위치와 이에 동반하는 운동량을 수립할 수 있을 경우, 유의미하지 않을 것이다. 그러나 하이젠베르크와 보어에 따르면 이것이 불가능하므로 우리는 하나의 어려움에 직면한 것이다. 이 어려움은 다음과 같은 방식으로 이해되어야 한다. **지각적 발견들로부터는 문제가 되는 사건들에 관련된 유일한 추론을 하는 것이 불가능하다.** 물론 우리는 실험 조건들을 선택함으로써 위치 또는 운동량 좌표에 관한 추론이 충분히 분명하도록 지각적 발견들을 선택할 수 있으나, 그렇게 되면 다른 좌표가 무엇이든 그 좌표가 일정한 구간 내에서 분명하게 결정될 수 없다. 이는 실제로 자연에 대한 우리의 지식에 대한 전적으로 새로운 제약이며, 이전에는 결코 그 존재를 추측하지 못했던 것이다.

그러나 우리는 이것이 자연에 대한 우리 지식만의 한계인 반면, 객관적 사건들은 계속해서 엄격한 결정론에 따라서 일어난다는 생각에 안주할 경우 이것이 매우 불만족스러움을 발견할 것이다. 우리의 목표는 미결정성을 자연으로 전이하여, 오직 주관적 결정 가능성 또한 존재하는 범위에서만 객관적 결정성을 인정하는 공식화를 찾는 것이어야만 한다. 이 방향에서 하이젠베르크의 개념의 적용을 확장하기를 거부하는 것은 식별 불가능자의 동일성 원리에 대한 위배를 구성할 것인데, 이 원리에 대한 정당화를 위해 우리는 라이프니츠에게 호소할 수 있을 뿐 아니라 현대 물리학에서도 이 원리는 항상 적용되고 있기 때문이다. 특히 하이젠베르크 자신의 양자역학에서 이 원리는 관측 불가능한 양들의 제거 원리로서 나타나기 때문이다(이 절의 초반부 참조). 우리는 위치와 운동량 좌표 사이의 확률적 연결만을 유지함으로써 객관적 '대상'은 더 이상 두 매개변수들의 엄격한 조합에 의해서 특징지어지지 않으며 각각의 조합에 특정한 확률을 부여하는 확률 함수를 통해서 특징짓는 것으로 해결책이 구성되지 않을까 추측한다. 예를 들어, '긴 (또는 짧은) 파장의 빛으로 이루어진 관측'

과 같은 특수한 사례들은 확률의 2차원적 영역(하나는 위치 매개변수, 다른 하나는 운동량을 위한 것임)이 1차원적 띠로 발전하는 방식으로 분리될 수 있다.

이에 따라 거시적인 **공간 개념**은 원자적 사건들에 수용될 수 있고 오직 사건들의 **규칙적 결정성**만이 새로운 방식으로 생각되어야 하는 것처럼 보인다. 이 주장들 중 첫 번째 주장이 정확한지의 여부는 여전히 열린 문제로 남아 있다. 점과 직선 같은 기하학의 기초적 개념들이 동등화 정의들을 통해 어느 정도까지 원자적 수준으로 전이될 수 있는지는 여전히 연구를 필요로 한다(15절 참조). 모형에 대한 이러한 문제의 논의는 세 번째 부류의 문제들로 우리들을 이끈다. **기초적 과정들의 규칙성 문제**다. 양자역학은 과학철학자들에 의해 오래전에 예측되었던, 엄격한 인과성 개념에 대한 최종적인 타격이 될 것이라는 생각이 일정 시간 동안 등장했다. 기초적인 사건은 엄격한 결정에 종속되는 것이 아니라 확률에 종속된다는 것이다. 원자 속에서 도약하는 보어의 전자 이론이 개별적 도약은 더 이상 인과적 설명에 종속되지 않을 것이라는 추측을 하게 했으며, 이러한 추측은 최근에 보른에 의해서 통계적 해석이 제시된 슈뢰딩거의 파동역학에도 결부되어 있다. 이 해석에 따르면 슈뢰딩거의 파동 방정식은 전자계의 시간적 발전에 대한 인과적 기술을 구성하지 않으며, 대신 확률 함수의 시간적 발전만을 직접적으로 결정한다. 이때 확률 함수는 전자계에서 특정한 상태의 발생에 대한 확률의 정도를 지시함으로써 그 상태를 예측할 수 있게 한다. 이러한 문제들에 대한 충분한 설명이 제시되지 않았기 때문에, 우리는 우리의 철학적 논의에서 일반적인 인식론적 틀을 개략적으로밖에 제시할 수 없으며, 추가적인 탐구는 반드시 이와 같은 틀 내에서 진행되어야 한다.

이 시점에서 우리는 결정론의 주장들에 대해 논의한 20절로 돌아가, 이 주장들을 좀 더 조심스러운 공식화로 대체하고자 한다. 자연적 사건들이 인과적 법칙들에 의해 완전히 결정된다는 엄격한 주장 대신, 우리는 사건들에 대한 사전적 계산의 확률이 비한정적으로 1에 가까이 갈 수 있다는 좀 더 포괄적인 주장을 제시한다. 확률 개념과 이와 같은 방식으로 관계될 경우에만 인과성의 주장은 의미가 있고, 오직 이와 같은 형식을 갖추어야만 이를 비판할 수 있다. 이와 동시에 이러한 공식화는 우리로 하여금 현재 양자역학에서 논의되고 있는 수정을 다음과 같은 명제로 표현할 수 있게 해 준다. 사건들의 계산 속 확률은 임의적으로 1에 가깝게 될 수 없으며 대신 1보다 작은 한계 값으로 제약된다. 이 한계 값은 양자 수의 단조함수라고 생각되어야 하며, 기초적인 사건들에 적용될 때는 1로부터 식별 가능하게끔 벗어나는 반면 거시적 사건들의 경우에는 확실성으로부터 식별하기가 거의 어렵게 된다. 인식론적 관점에서 보면 우리는 자연적 규칙성에 관한 공식화에서 오직 이러한 종류의 수정만이 가능하다고 말할 수 있을 뿐이다. 이러한 변화가 실질적으로 정당화 가능한지의 여부는 인식론적 문제가 아닌 순수한 물리적 문제다. 비교를 위해 빛 속도의 제한적 특성에 관한 아인슈타인의 교리를 생각해 보라. 인식론적 관점에서 보면 인과적 영향의 전파에 상한이 없는 이론은 빛이 상한을 구성하는 이론만큼이나 허용 가능하다. 실질적 판단은 오직 물리학에 의해서만 이루어질 수 있고, 이 판단은 물리학의 경험 저장소에 기초할 것이다. 양자역학에서의 상황 역시 동일하다. 인식론적 측면에서 할 수 있는 모든 것은 그와 같은 혁신을 다룰 수 있는 개념적인 도구들과 함께 물리학을 제시하는 것이며, 이러한 일은 이미 인과성 개념의 비판과 확률 개념의 확장을 통해 상당 부분 성취되었다. 이에서 더 나아가 우리는 양자역학이 인과성 원리의 포기는 **선험적** 법칙들의 위배이며 자연과학의 포기이고 일반적인 혼돈을 도입하는 것으로 비난하는 그 어떤 독실한 철학적 탄식도 무시하라고 조언할 수 있을 뿐이다. 이와 반대로 우리는 확률 개념에 대한 신중한 강조만이 자연철학에서의 가장 엄격한 요구를 다룰 수 있는 물리학에 이르는 길을 매끄럽게 해 줄 수 있다고 믿는다.

해 설

비교적 긴 분량의 글인 《물리적 지식의 목표와 방법》은 1929년 당시 유럽의 물리학 핸드북(백과사전)에 수록되었다. 성격상 이 글은 본격적인 연구 논문이라기보다는, 자연과학 특히 물리학에 관심을 가진 다양한 종류의 사람들을 위해서 당대의 저명한 과학철학자가 물리학 지식의 핵심적인 특징을 철학적으로 설명하는 글이라 볼 수 있다. 저자 한스 라이헨바흐는 당시 아인슈타인, 플랑크와 함께 베를린 대학교 물리학부에 물리철학 교수로 재직하고 있었으며, 상대성 이론 속 시간과 공간에 대한 철학적 해명으로 높은 명성을 얻은 상태였다. 그는 베를린에서 다양한 전공을 가진 학자들의 모임, 이른바 '베를린 그룹'을 이끌고 있었으며, 오스트리아의 '빈(Wien) 모임'과 연계하여 현대 수학 및 자연과학의 철학적 의의 해명 작업을 활발하게 진행하고 있었다.

1926년 베를린 대학에 부임하기 전까지 라이헨바흐는 슈투트가르트 공대에서 가르치고 있었고, 베를린 대학에 그를 초빙한 것은 은사였던 플랑크와 아인슈타인이었다. 그만큼 당대의 과학자들은 과학적 지식의 철학적 해명 작업에 큰 관심을 보였지만, 이러한 철학적 해명 작업을 전통적인 의미의 철학자들에게 맡겨 두기는 쉽지 않았던 것처럼 보인다. 칸트, 헤겔 등과 같은 철학자들의 철학 사상은 19세기 이래로 급격하게 발전한 자연과학적 지식의 핵심적 내용을 제대로 반영하기 어려웠으며, 정작 필요한 일은 자연과학 지식의 현 상황을 정확하게 파악한 다음에야 이루어질 수 있는 분석과 해명의 작업이었기 때문이다. 라이헨바흐는 대학 시절 플랑크, 보른, 힐베르트 등과 같은 물리학자와 수학자로부터 배웠으며, 그의 학위 논문 또한 수학 및 물리학과 밀접한 관련을 맺고 있었다. 아인슈타인에게 헌정된 그의 교수 자격 취득 논문은 상대론에 대한 깊은 철학적 분석을 담고 있었으며, 이후 라이헨바흐는 유럽에서 상대론의 철학적 옹호자로서 그 명성을 떨치게 되었다.

제1차 세계대전 당시 통신부대에서 복무했고, 종전 후 통신회사에서 기술자로 근무했으며, 수학적 확률 이론과 상대론 및 양자론에 대한 깊은 이해를 토대로 철학적 분석을 진행했던 라이헨바흐는, 1920년대 후반 이른바 '정밀과학의 철학'에 관한 대가로서 평가를 받고 있었다. 이처럼 박사 학위를 받은 1915년 이후부터 대략 10년이 넘는 시간 동안 다양한 분야의 정밀과학을 분석한 바 있었던 그였기에, 물리학 핸드북(백과사전)에 물리학의 철학적 본성 혹은 특징에 관한 단행본 수준의 긴 글을 게재할 수 있었을 것이다. 또한 그는 당시 베를린에서 수학자, 물리학자를 포함한 다양한 자연과학자들과 활발하게 교류하고 있었기에, 특히 물리학자들과 협력하면서 이 글을 쓸 수 있었을 것이다.

오늘날 과학철학은 철학의 세부 분과로 분류되며 다른 모든 분야와 마찬가지로 전문화되어 있다. 과학철학의 표준적이고 세부적인 문제들이 있으며, 개별 과학철학자인 경우에도 서로의 전공 분야가 다를 경우 상대의 논의를 깊이 이해하거나 검토하기 어려운 상황이 벌어지고 있다. 또한 과학철학이 과학의 여러 철학적 측면을 논의의 대상으로 삼는다 해도, 과학자와 과학철학자가 서로 밀접하게 협업하는 경우를 찾기 어렵다. 그런 의미에서 라이헨바흐의 1929년 저작인 이 글은 당시 철학자와 과학자가 지금에 비해 더 적극적으로 서로 협력했음을 잘 보여 주는 저술이라 할 수 있다. 또한 20세기 전반에 어떤 방식으로 철학자들이 당대 물리학의 철학적 의의를 규명했는지를 잘 드러내고 있다.

이 글은 베를린 슈프링거(Springer) 출판사에서 1929년에 출판되었는데, 책 제목이 《물리학 핸드북 제4권, 물리학의 일반적 기초(Handbuch der Physik, vol. 4 : Allgemeine Grundlagen der Physik)》다. 이번 번역을 위해서 초판본을 사용했지만, 번역 과정에서 1978년 출판된 《한스 라이헨바흐 선집(1909~1953) 제2권》[D. 라이델(Reidel) 출판사]의 영어 번역본을 상당 부분 참고했다. 지금까지 국내에 이 글이 번역 출간된 적은 없었으므로, 한국어로는 최초로 번역되는 셈이다. 이 글은 라이헨바흐가 1928년까지 상대성 이론, 양자역학과 같은 당대의 최신 물리학에 대해 철학적으로 상세하게 분석한 결과를 전제하므로, 라이헨바흐 과학철학 연구자인 나로서는 라이헨바흐의 전기 물리 철학을 상당한 정도로 연구한 후 이 글을 번역 출간하려 했다.

이 글은 제1부 "물리적 지식의 일반 이론"과 제2부 "물리학의 개별 원리들 속 경험주의와 이론"으로 나뉘며, 제1부와 제2부는 각각 열두 개의 절로 구성되어 있다(총 24절). 각 부의 제목이 직접적으로 시사하는 바와 같이, 제1부에서는 물리적 지식 일반과 관련된 여러 주제를 철학적으로 논하고 있으며, 제2부에서는 좀 더 구체적인 주제 혹은 원리에 대한 상세한 철학적 분석 결과를 설명하고 있다. 아래에서 각 절의 핵심 내용을 간단히 소개하겠다.

우선 라이헨바흐는 물리적 지식을 추구하는 가장 기본적인 이유가 인간이 자연에 대해 '알고자 하는 열망' 때문이라고 주장하며, 이 열망은 너무 명백한 사실이라 더 이상 설명할 수 없다고 본다(제1절 물리적 지식의 가치). 다음 그는 탐구의 '대상'이 아니라 탐구의 '방법론'으로 물리학을 다른 자연과학들과 구분 짓는다. 그가 볼 때 물리학의 가장 중요한 방법론적 특징은 그것이 '수학적 과학'이라는 것이다(제2절 물리학과 다른 자연과학들 사이의 구획). 그렇다면 물리학은 기술(technology)과 어떤 관계인가? 기술의 경우 '실천적 적용'을 그 목적으로 삼지만, 물리학은 '자연에 대한 무조건적인 관심'을 보인다(제3절 물리학과 기술). 이후 라이헨바흐는 물리학과 수학의 차이를 다음과 같이 설명한다. 수학은 무엇이 가능하고 그렇지 않은지 알려 주지만 무엇이 실제로 존재하는지는 알려 주지 않는 '형식적 학문'이다. 반면 물리학은 '실제로 존재하는 대상들'을 다룬다(제4절 물리학과 수학).

세계 속에서 존재하는 대상들은 우리에게 '지각'을 통해 파악되며, 지각은 우리의 의지에 종속되지 않는다. 그러나 감각 인상보다 더 높은 수준의 관측(지각적) 진술들은 순수하지 않으며 다소의 이론적 내용을 포함한다(제5절 지각). 과학은 지각적 내용을 방법론적으로 작업하여 이론화하는 거라 볼 수 있다. 세계 속 대상들은 지각으로부터 추론되지만, 지각적 경험의 집합과 같지는 않으며 지각과 독립적으로 존재한다고 주장한다. 그런 의미에서 라이헨바흐의 입장은 실증주의의 입장과 구분된다(제6절 실재의 문제). 존재는 분석 불가능한 기초적인 개념으로서 수용되며, 존재는 지각들로부터 확률적으로 추론된다. 확률은 논리적이고 경험적으로 정당화될 수 없지만 과학에 필수적이다(제7절 확률 추론).

우리는 세계 속 존재하는 대상들을 서술하기 위해 물리적 지식을 구성하지만, 단일한 방식이 아닌 다양한 방식으로 이론 체계를 구성할 수 있다. 한 이론 체계는 내적으로는 정합적이어야 하며, 외적으로는 이론으로부터 여러 경로를 통해 추론하는 물리적 대상에 대한 예측이 높은 확률로 입증되어야 한다. 이때 우리는 그 이론 체계 전체의 '진리성'에 대해 말할 수 있다(제8절 진리의 물리적 개념). 전적으로 확실한 물리적 사실이란 존재하지 않는다. 모든 물리적 사실은 0과 1 사이의 확률값을 가지며 확률의 정도에 따라 실험, 가설, 이론으로 분류된다(제9절 물리적 사실). 이론은 오직 물리적 사실들로만 구성될 수 없으며, 이론적 개념을 물리적 대상과 이어 주는 '동등화 정의(coordinative definition)'가 필요하다. 이때 동등화 정의는 '임의적'이라는 점에서 물리적 사실과 다르지만 물리학 지식의 구성을 위해 꼭 필요하며, 어떤 정의가 사실이 아닌 정의임을 파악하는 일은 특수 상대론에서의 '동시성' 정의처럼 물리학의 역사 속 중요한 발견을 이끌기도 한다(제10절 물리적 정의).

물리적 대상들을 서술하는 이론 체계의 다수성을 받아

들일 경우, 이론 체계를 평가하는 기준으로서의 '단순성'이 문제가 된다. 라이헨바흐는 단순성의 두 의미를 구분하는데, 하나는 오직 기술의 특성일 뿐인 '기술적 단순성'이며, 다른 하나는 진리 주장과 관련된 '귀납적 단순성'이다(제11절 단순성의 기준). 결국 물리적 지식의 목표는 최대한 많은 수의 참된 주장들을 얻는 것이며, 이때 지식의 폭을 넓혀야 하기도 하지만 그 깊이를 깊게 해야 한다. 물리적 사실을 이론 체계 속에 '통합'하는 게 지식의 깊이를 깊게 만드는데, 이를 우리는 '설명'이라 부르며 대표적 방법이 공리 체계를 구성하는 것이다(제12절 물리적 지식의 목표). 물리학의 이론 체계가 더 일반화될수록 이론의 정확도 역시 예리해진다.

이상으로 제1부에서의 일반적 논의를 마무리한 후, 제2부에서 라이헨바흐는 좀 더 구체적인 주제들과 문제들에 대한 상세한 해명을 진행한다. 물리적 이론 체계에는 가장 기본적인 전제들이 등장한다. 확률의 원리, 시간과 공간, 인과성의 원리, 물질 보존의 원리 등이 그 대표적 사례다. 그런데 이 원리들을 선험적이라 말할 수는 없고, 이후 우리가 새로 얻게 되는 경험에 따라 이 원리들이 더 이상 적용되지 않음이 밝혀질 수 있다(제13절 선험성의 문제). 만약 칸트의 생각과 달리 더 이상 선험적 원리들이 성립하지 않는다면, 물리적 지식에서 이성의 역할은 무엇인가?

이에 대해 라이헨바흐는 다음과 같이 답한다. 이성은 물리적 이론의 주관적 도식을 구성하지만, 이는 유일하지 않으며 복수의 이론 체계가 가능하다(제14절 지식 속에서의 이성의 위치).

상대론에 따르면 수학적 공간은 물리적 공간과 구분되어야 하며, 빛 신호 혹은 강체 막대로 길이의 단위를 정의할 때 공간의 기하학적 형태는 경험적 측정을 통해 결정된다(제15절 공간). 그러므로 우리는 전과 같이 공간에 대한 관념론적 개념을 유지할 수 없다. 만약 우리가 물리적 과정 또는 사물을 이용한 합동성 정의를 수용할 경우, 공간의 위상적 특성은 이성이 아닌 세계의 속성에 기초하여 결정된다(제16절 공간에 대한 관념론적 개념과 실재론적 개념). 이제 시간 개념도 공간 개념과 유사하게 실재적 특성을 갖는다. 자연 시계(지구 자전 또는 빛 신호)를 이용하여 시간 단위와 동시성을 정의할 경우, 물리적 사건들 사이의 시간적(위상적) 순서는 이성이 아닌 세계의 특성을 통해 결정된다(제17절 시간). 그런데 공간적 길이 개념은 자연 시계인 빛 신호를 통해 정의될 수 있으므로, 결국 공간적 질서는 시간적 질서로 환원된다(제18절 시간과 공간 사이의 연관).

상대론의 등장 이후 물리학에서 실체의 개념은 장의 개념으로 대체되었다(제19절 실체). 하지만 상대론 이후에도 인과성의 개념은 여전히 유지되었는데, 이때 인과성은 물리적 양들 사이의 기능적(함수적) 의존성을 주장한다. 또한 인과성은 비대칭적 관계이며, 접촉 작용의 원리를 만족시키고, 거리에 따라 효과가 줄어든다는 특성을 갖는다. 하지만 인과성마저도 선험적 원리라고 주장할 수는 없다(제20절 인과성). 인과성의 비대칭성은 오직 거시적인 수준에서 나타나며, 이는 시간의 방향과 밀접한 관련을 갖는다. 알려진 물리 법칙들에 따르면 미시적 물리 과정은 가역적이며 시간의 방향을 갖지 않는다. 반면 거시적 수준에서는 확률 개념을 이용해서 과거, 현재, 미래를 구분할 수 있다(제21절 인과성의 비대칭성). 확률 개념은 오차 이론과 통계 이론에서 도입되며, 확률적 규칙성은 인과적 규칙성과 대등하며 더 나아가 확률적 규칙성이 더 근본적이라고 밝혀질 가능성이 있다(제22절 확률).

물리적 지식 탐구에서 직관적 모형들은 빈번하게 사용되지만, 이 모형들은 오직 몇몇 측면들에서만 자연을 반영할 뿐이므로 모형의 전체가 곧 자연을 반영한다고 볼 필요는 없다. 자연과 모형은 오직 '유비 관계'를 이룰 뿐이다. 과학적 탐구의 사고 확장 과정에서 모형이 중요한 역할을 하는 것은 맞지만, 모형의 인식적 의의를 과장해서는 안 된다(제23절 직관적 모형들의 의의). 모형의 문제는 양자역학과도 관련된다. 하이젠베르크, 보른, 요르단이 제시한 행렬 역학은 이전 물리학 이론과 달리 직관적 모형 구성을 거부하기 때문이다. 또한 양자역학은 매개변수의 최소화 문제와 규칙성 문제를 제기한다. 매개변수의 최소화 문제는 이론 구성에 등장하는 매개변수의 수를 가급적 적게 해야 한다는 제약 조건이며, 규칙성 문제는 미시 세계의 기초적 과정이 엄격한 인과성 개념에 의문을 제기하고 있음을 드러낸다.

이상과 같이 이 글의 핵심적인 내용을 간략히 정리해 보았다. 라이헨바흐는 과학철학자로서 당시의 물리학 지식이 가진 여러 세부적인 측면들을 상세하게 파악한 후, 물리적 지식의 철학적 의의를 분석적으로 규명했음을 알 수 있다. 당대의 물리학적 지식을 잘 이해하지 않고서, 당대의 물리학자들과 활발하게 교류하지 않은 채로 이와 같은 철학적 해명을 제시할 수는 없었을 것이다. 이는 오늘날의 과학철학자들에게 중요한 교훈을 던진다. 과학철학이라는 철학의 전문 분야에 매몰되지 말고, 더 적극적으로 현재 진행 중인 과학적 탐구에 주의를 기울이며 과학 탐구의 주체인 과학자들과도 적극적으로 소통하라는 것이다.

실제로 20세기 전반기에는 철학과 과학 사이의 상호작용이 비교적 활발했고, 이를 드러내는 대표적인 철학 사조가 논리경험주의(Logical Empiricism)다. 최근의 과학철학의 논의에서 논리경험주의에 대한 주의와 관심이 사뭇 줄어든 감이 있지만, 철학과 과학 사이의 새로운 화해가 요구되는 오늘날, 논리경험주의가 보인 철학적 성과는 재발굴 및 재평가될 필요가 있다. 이 글의 우리말 번역 출간이 이러한 재발굴과 재평가에 조금이나마 공헌할 수 있기를 바란다. 나는 과학철학 연구자로서 앞으로도 계속 논리경험주의의 역사와 철학을 연구하여 논리경험주의의 철학적 의의를 우리 사회에 전파하기 위해 노력할 예정이다.

이 글을 번역하는 과정에서 가족들에게 빚을 많이 졌다. 부모님, 장모님, 누님과 매형께 감사드리며, 늘 내 곁에서 나를 지켜 주는 아내 은혜, 첫째 지윤, 둘째 서윤, 셋째 태현에게 무한한 감사와 사랑을 보낸다. 이 글을 우리말로 정확하게 번역하기 위해 나름의 최선을 다했으나 여전히 부족한 부분이 많음을 절감한다. 독자께서 글을 읽으시다 어색한 부분이 있다면 꼭 알려 주시길 부탁드린다. 당연히 이 글의 번역 오류는 모두 나의 책임임을 미리 밝혀 둔다. 마지막으로 과학철학의 고전인 이 글의 번역 출간을 선뜻 승인해 준 지식을만드는지식에 깊은 감사의 뜻을 전하고 싶다.

지은이에 대해

저자인 한스 라이헨바흐(Hans Reichenbach, 1891~1953)는 1891년 독일에서 태어났다. 아버지는 유대인이었지만 개신교로 개종한 상인이었으며, 어머니는 교사 출신으로 음악에 관심이 많았다. 5남매 중 셋째였던 라이헨바흐는 어린 시절부터 지적 재능이 비상해 대학 입학 전까지 반에서 1등을 놓치지 않았다. 어린 시절 기술자가 되기를 꿈꿨던 그는 슈투트가르트 공과대학에 입학했지만, 곧 공학이 그 자신의 지적 욕구와 부합하지 않는다는 사실을 알게 되어 전공을 변경했다.

라이헨바흐가 대학에 재학할 당시 독일의 학문 수준은 서양 문화권에서 최고 수준에 이르고 있었다. 철학, 수학, 물리학 등에서 걸출한 학자들이 배출되고 있었으며, 수학자와 물리학자를 포함한 자연과학자들은 자신들의 연구 주제가 갖는 철학적 의의에 관해 토론하는 데 거부감이나 거리낌을 느끼지 않았다. 라이헨바흐는 이와 같은 활발하고 진지한 학문적 분위기 속에서 베를린 대학, 괴팅겐 대학, 뮌헨 대학 등을 거치며 수리물리학자 막스 보른(Max Born), 철학자 에른스트 카시러(Ernst Cassirer), 수학자

다비트 힐베르트(David Hilbert), 물리학자 막스 플랑크(Max Planck) 등의 지도 아래 수학, 물리학, 철학을 연구했다.

라이헨바흐는 수학적 확률 이론을 물리적 세계에 적용하는 문제를 주제로 삼아 박사 학위를 받았다(에를랑겐 대학, 1915년). 인간의 인식이 어떻게 세계와 연결될 수 있는지를 규명하는 것은 칸트 철학의 주요 주제였으며, 당시 라이헨바흐는 물리적 세계에서 벌어지는 사건들을 규정하는 것에 표준적인 '확률(귀납)의 원리'가 '인과(causality)의 원리'와 유사한 일종의 '선험적 종합(synthetic a priori) 원리'라고 생각했다. 이때까지만 해도 라이헨바흐는 칸트의 인식론을 당시 새롭게 등장하는 자연과학적 성과들에 적용하는 것이 가능하다는 신념을 품고 있었다.

박사 학위를 취득한 후 라이헨바흐는 몇 년 동안 통신회사에서 공학자로 일하면서 틈틈이 연구를 계속했다. 1919년경 베를린 대학에서 일반 상대성 이론에 대한 아인슈타인의 첫 세미나에 참석한 것은 그를 다시 철학계로 돌아오게 한 결정적인 계기가 되었다. 상대성 이론에 대한 면밀한 분석을 토대로 라이헨바흐는 칸트가 생각했던 '선험적 종합' 개념이 더 이상 유지되기 어렵다고 결론 내렸다. 칸트의 생각과 달리 상대성 이론에서는 시간이 기준계의 운동 상태와 무관하게 일정하게 흘러가지 않으며, 물리적 공간에 적용되는 수학적 기하학 역시 유클리드 기하학이 아닌 일반적인 리만 기하학(Riemannian Geometry)임을 주장하고 있었기 때문이다.

자연철학 교수로서 라이헨바흐는 당대의 자연과학자들과 활발한 지적 교류를 나누며 베를린 대학을 중심으로 이른바 '논리경험주의(logical empiricism)' 운동을 이끌었다. 라이헨바흐는 철학이 사변적인 개념 체계를 구성하는 것이 아니라 동시대의 자연과학적 지식을 면밀하게 분석함으로써 많은 사람들이 공유하고 동의하며 상호 협력적으로 발전시킬 수 있는 객관적인 지식 체계를 구축할 수 있다고 보았다. 이러한 철학을 라이헨바흐는 사변 철학과 대비되는 '학문적(과학적) 철학(scientific philosophy)'이라고 불렀다. 이 철학의 핵심이 '관념'과 대비되는 '경험' 및 지식에 대한 '논리적 분석'이었기에, 그를 비롯한 많은 지식인은 이와 같은 새로운 철학적 입장을 '논리경험주의'라 불렀다.

1933년에 나치로부터 추방되기 전까지 라이헨바흐는 베를린 대학에서 자연과학적 지식에 적용될 수 있는 확률 이론을 발전시킴과 동시에, 당시 열띤 논쟁의 주제였던 양자 이론에 대한 철학적 분석 또한 진행했다. 나치의 정치적 압력을 피해 1933년부터 5년간 튀르키예 이스탄불 대학 철학과 학과장을 맡은 라이헨바흐는, 이 시기에 자신

고유의 확률 이론과 기호 논리학을 체계화했으며 이러한 작업의 결실은 그의 《확률론》, 《기호 논리학 기초》에 담겨 있다. 하지만 튀르키예의 학문적 환경은 당대의 가장 뛰어난 자연과학적 성과들을 과학자들과 공유하고 이를 철학적으로 분석하고자 했던 라이헨바흐의 기대에 다소 미치지 못했다.

미국의 철학자 찰스 모리스(Charles W. Morris) 등으로부터 도움을 얻어 1938년부터 미국 캘리포니아 대학 철학과에 재직하게 된 라이헨바흐는, 1953년 갑작스러운 심장마비로 사망하기 전까지 활발하고 열정적으로 철학적 탐구를 진행했다. 그는 확률 이론, 기호 논리학과 같은 가장 기초적인 철학 분야에 대한 연구 성과를 근간으로 삼아, 당대 최고의 과학 이론이었던 상대성 이론, 양자역학, 통계역학에 대한 철학적 분석을 지속적으로 진행했다. 라이헨바흐는 과학적 지식에 대한 면밀한 철학적 분석을 통해서 인간의 인식과 세계의 본성에 대한 유의미한 철학적 귀결들을 얻을 수 있다고 믿었다. 이처럼 라이헨바흐가 확률론과 기호 논리학을 바탕으로 현대의 자연과학적 지식을 철학적으로 분석하여 얻은 철학적 결론들과 주제들은, 21세기인 지금까지도 많은 철학자들과 과학자들의 지적 호기심을 자극하며 연구의 원천을 제공하고 있다.

옮긴이에 대해

강형구(姜亨求)는 1982년 부산에서 태어났다. 어린 시절 부모님을 따라 산행을 하며 자연의 아름다움에 매료되었고, 자연의 이치를 탐구하는 물리학자가 되고 싶어 부산과학고등학교(현 한국과학영재학교) 8기로 입학했다. 고등학교에서 과학을 배우며 과학의 역사와 사상에 관심을 갖게 되어, 2001년 서울대학교 인문대학에 진학해 철학을 전공하여 과학철학을 공부했다. 육군 학사장교 46기(정보통신병과)로 강원도 홍천에서 군 복무를 마친 후 서울대학교 자연대학 과학사 및 과학철학 협동과정(현 과학학과)에 진학, 논리경험주의의 대표자인 한스 라이헨바흐의 상대성 이론 분석을 연구한 논문 〈라이헨바흐의 '구성적 공리화'—그 의의와 한계〉로 이학석사 학위를 받았다(2011년 2월).

2012년 1월부터 2017년 7월까지 교육부 산하 위탁집행형 준정부기관인 한국장학재단에서 근무했으며, 2017년 7월부터 2024년 2월까지 과학기술정보통신부 산하 공공기관인 국립대구과학관에서 연구원이자 학예사로 근무했다. 직장 생활을 하며 계속 동 대학원의 박사 과정을 밟아,

논리경험주의의 시간과 공간 철학이 갖는 의의를 연구한 논문 〈상대론적 시 · 공간에 대한 논리경험주의의 철학적 해명〉으로 이학박사 학위를 받았다(2023년 2월). 이후 국립목포대학교 교양학부에 임용되어 2024년 3월부터 과학기술철학 조교수로 근무하고 있다.

지금까지 〈상대성 이론의 철학적 분석과 물리적 지식의 인식론〉 등 열여섯 편의 연구 논문을 집필하여 학술지에 게재하였고, 《양자역학의 철학적 기초》(2014년, 지식을만드는지식), 《나우 : 시간의 물리학》(공역, 2019년, 바다출판사), 《리 스몰린의 시간의 물리학》(2022년, 김영사), 《경험과 예측》(2024년, 지식을만드는지식) 등 여덟 권의 과학철학 서적을 번역했다. 현재 대구광역시 달성군 유가읍 테크노폴리스에서 아내와 세 아이와 함께 살고 있다.

물리적 지식의 목표와 방법

지은이 한스 라이헨바흐
옮긴이 강형구
펴낸이 박영률

초판 1쇄 펴낸날 2025년 10월 24일

지식을만드는지식
출판등록 제313-2007-000166호(2007년 8월 17일)
02880 서울시 성북구 성북로 5-11
전화 (02) 7474 001, 팩스 (02) 736 5047
commbooks@commbooks.com
www.commbooks.com

ISBN 979-11-430-1376-7 93420

책값은 뒤표지에 있습니다.